广西绿肥

何铁光　李忠义　唐红琴　主编

中国农业出版社
北　京

图书在版编目（CIP）数据

广西绿肥 / 何铁光，李忠义，唐红琴主编．—北京：中国农业出版社，2020.12

ISBN 978-7-109-27142-5

Ⅰ．①广…　Ⅱ．①何…　②李…　③唐…　Ⅲ．①绿肥－概况－广西　Ⅳ．①S142

中国版本图书馆CIP数据核字(2020)第140082号

中国农业出版社出版

地址：北京市朝阳区麦子店街18号楼

邮编：100125

责任编辑：刁乾超　　文字编辑：黄璟冰

版式设计：李　文　　责任校对：吴丽婷

印刷：北京缤索印刷有限公司

版次：2020年12月第1版

印次：2020年12月北京第1次印刷

发行：新华书店北京发行所

开本：720mm × 960mm　1/16

印张：12.25

字数：220千字

定价：58.00元

编委会

主　　编：何铁光　李忠义　唐红琴

副 主 编：韦彩会　董文斌　蒙炎成

编写人员：

董文斌　范大泳　高学梅　何铁光　黄丽秀
黄相龙　蒋云伟　黎海洋　李福夺　李忠义
刘文奇　卢菊荣　陆　鹏　蒙炎成　苏利荣
唐红琴　王　磊　韦彩会　吴惠昌　徐粹明
阳华任　叶美欢　尹昌斌　游兆延　张晓冬

参编单位：

广西壮族自治区农业科学院农业资源与环境研究所
中国农业科学院农业资源与农业区划研究所
农业农村部南京农业机械化研究所
山东省农作物种质资源中心
广西壮族自治区土壤肥料工作站
广西壮族自治区茶叶科学研究所
桂林市农业科学研究中心
阳朔县农业农村局
隆安县土壤肥料工作站
隆林各族自治县土壤肥料工作站
上思县土壤肥料工作站
灵川县经济作物站
桂平市西山镇农业技术推广站

PREFACE 序

绿肥是我国传统农业的精华，是生态农业的重要组成部分，作为一种清洁的有机肥源，可有效提高土壤肥力、改善土壤环境质量、防止水土流失、改善生态环境。我国在绿肥栽培和利用方面有着悠久的历史和浓厚的农耕文化，早在北魏末年，贾思勰就在《齐民要术》中系统地总结了绿肥栽培利用的经验和技术原则，确定了绿肥在农作物轮作制中的重要地位。自新中国成立以来，我国绿肥生产经历了60多年的沉浮，20世纪50年代全国绿肥种植面积约170万hm^2，60年代绿肥生产进入快速发展期，70年代进入高峰期，至1976年全国种植面积达1 300万hm^2。但随着农村体制改革、复种指数提高及化肥工业的迅猛发展，从20世纪90年代到21世纪初，绿肥应用进入衰退期，种植面积跌至200万hm^2。

近年来，国家积极推进“质量兴农、绿色兴农”战略，并把“生产更绿色、资源更节约、环境更友好”作为农业供给侧结构性改革和乡村振兴背景下农业生产发展的新导向。当前，国家正积极实施“化肥使用量零增长”“耕地质量提升”“耕地轮作休耕”等绿色发展理念，因地制宜地种植绿肥，能够推进耕地用养结合、削减农业面源污染、改善农田生态环境、保障农产品安全，高度契合国家“农村增绿”的战略构想，对促进农业可持续发展具有重要意义。2018年，《中共广西壮族自治区委员会关于实施乡村振兴战略的决定》中提到，要全面建立以绿色生态为导向的制度体系，推行农业绿色生产方式，深入实施化肥农药零增长行动，为广西绿肥的恢复生产带来了机遇。

《广西绿肥》一书，结合广西绿肥生产实际，阐述了广西绿肥发展概况，研究了广西绿肥种植决策行为，分析了广西绿肥产业发展的优势、劣势、机遇和挑战，提出了广西绿肥产业发展路径，绘制了绿肥研究知识图谱，介绍了广西适生绿肥品种，并总结了广西稻田绿肥、果园绿肥及经济作物间作、轮作绿肥等实用技术，深入浅出，图文并茂，实用性强，是一本有实用价值的参考书。

“绿山青山就是金山银山”的发展理念将主导今后农业的发展，绿肥生产和利用受到国家、用户及社会的普遍重视。因此，该书的出版非常及时，相信会对区域绿肥产业的发展起到积极推动作用，也能为兄弟省份发展绿肥提供良好借鉴。

2020年3月于北京

FOREWORD 前言

广西人民很早就有利用野生绿肥的习惯和经验，在清朝乾隆年间，开始有栽培茹菜、油菜兼作绿肥的记载。临桂县志记载："茹菜似萝卜，其根细，不堪食，桂人种以肥田亩"。灵川县志记载："芸苔富油质，入土种之肥田，亦可榨油"。新中国成立后，广西不断引进、推广、种植绿肥，其中，1972年和1991年出现了两次发展高峰，面积超过66万hm^2，但从20世纪90年代末期到21世纪初，和全国形势相似，广西绿肥应用进入衰退期。

近年来，广西各级政府相关部门的高度重视，为绿肥发展提供了重要的政策支撑和发展动力。2013年，广西壮族自治区农业厅发布了《发展绿肥生产，促进美丽乡村建设的指导意见》，同年，时任自治区党委副书记危朝安在《广西日报》发表《让绿肥"红"起来——从广西绿肥生产止跌复活进一步突破瓶颈》一文，提到"在冬闲田大力推广绿肥种植，集中解决种子和绿肥高产栽培两大关键问题"。2017年、2018年，广西壮族自治区农业厅陆续发布了《2017年广西耕地质量提升和化肥减量增效技术推广项目实施方案》和《2018年广西农业生产发展资金（农业资源与生态保护）项目实施方案》，提出建立绿肥种植核心示范区，并配备补贴标准。2018年，广西壮族自治区农业厅发布了《2018—2020年全区绿肥生产指导意见》，明确了绿肥生产的总体思路和目标任务，提出了以培肥地力和绿色增产为目标，以多能化应用和提升效益为切入点，以美丽乡村和美化田园为着力点，以休闲农业和乡村旅游建设为创新点，以新型经营主体和创新发展模式为落脚点的关键内容。

广西农业科学院长期以来注重绿肥产业的发展，自20世纪60年代起，引进、选育和推广优良绿肥品种，到70年代集成了桂南冬季绿肥栽培技术，并获1978年度广西科学大会优秀科技成果奖；在80年代参与完成中国绿肥区划，获1984年度农牧渔业部技术改进奖二等奖。80年代选育的紫云英新良种萍宁3号、萍宁72曾红极一时，并被《中国绿肥》收编为绿肥优良品种介绍推广。近年来，广西农业科学院农业资源与环境研究所通过广西农作物品种审定绿肥新品种3个，获广西科学技术进步二等奖1项，广西科学技术进步三等奖3项，广西重要技术标准奖1项。为更好地总结广西绿肥适宜品种、发展经验、技术模式，助推广西绿肥产业的发展，由广西农业科学院农业资源与环境研究所牵头，会同广西区内外有关专家和基层科技人员，编写了《广西绿肥》一书。

本书分5章，第一章论述了广西绿肥发展概况；第二章阐述了绿肥在现代农业中的作用；第三章绘制了绿肥研究知识图谱；第四章介绍了广西适生绿肥品种；第五章总结了广西绿肥生产与利用技术。本书内容丰富，图文并茂，实用性强，可为农业科研工作者、农技推广者及农业管理部门提供参考和借鉴。

本书从编写到出版，得到了国家绿肥产业技术体系（CARS-22）、国家重点研发计划项目（2018YFD0201100），第三次全国农作物种质资源普查与收集行动（1120162130135252038）、广西创新驱动项目（桂科AA17204045）、广西重点研发计划项目（桂科AB18221122、桂科AB16380171），广西科技基地与人才专项（桂科AD19245202、桂科AD20238081）、广西自然科学基金（2017GXNSFBA198204），广西科技先锋队专项行动（桂农科盟202013）、广西特色作物试验站（桂TS201417）、广西农业科学院优势团队（桂农科2018YT07、桂农科2021YT037）、南宁市西乡塘区科技计划项目（2017210309、201810211、2019021401）等项目支持。

感谢国家绿肥产业技术体系首席科学家曹卫东研究员作序，感谢国家绿肥产业技术体系同行、专家对广西绿肥产业的支持。

由于编者水平有限，错漏之处尚请各位同仁和读者给予指正。

编者

2020年03月

CONTENTS
目 录

第二章

绿肥在现代农业中的作用

第三章

绿肥研究知识图谱

第四章

广西适生绿肥品种

第五章

绿肥生产与利用技术

附录

广西绿肥相关地方标准

1 第一章 广西绿肥发展概况

第一节　广西绿肥发展现状

我国在绿肥栽培和利用方面有着悠久的历史和浓厚的农耕文化。经历了西周和春秋战国时代的锄草肥田和养草肥田的绿肥萌芽阶段，汉武帝时期的栽培绿肥应用阶段，魏、晋、南北朝时期的绿肥学科初建阶段，唐、宋、元、明、清时代的快速发展阶段（焦彬，1984）和中华人民共和国成立后的现代绿肥学科与产业体系建设阶段。自1949年以来，我国绿肥生产经历了60多年的沉浮，20世纪50年代，全国绿肥种植面积约170万hm^2，60年代绿肥生产进入快速发展期，70年代进入高峰期，至1976年，全国种植面积达1 300万hm^2。但随着农村体制改革、复种指数提高及化肥工业的迅猛发展，自20世纪90年代到21世纪初，绿肥应用进入衰退期，种植面积跌至200万hm^2（曹卫东等，2017）。当前，在农业绿色发展和耕地肥力退化的双重影响下，绿肥再次备受关注。绿肥作为轮作休耕、耕地质量提升、化学肥料减施的重要技术手段，在消减南方冬闲稻田、西南冬闲旱地、西北秋闲田、华北冬闲田等方面发挥了重要作用，其种植面积也逐渐恢复至400万hm^2。2017年，中国共产党第十九次全国代表大会报告中，创造性地提出“产业兴旺、生态宜居、乡风文明、治理有效、生活富裕”的总要求，更是为新形势下我国绿肥产业的发展提供了发展机遇和政策保障。绿肥作为我国传统农业的精华，既是现代农业绿色增产的关键所在，也是美化田园、发展休闲农业，保障农产品提质增效，进而实现农户增收脱贫的有效途径。尤其是在2017年，农业部将绿肥纳入现代农业产业技术体系之内，绿肥体系围绕遗传育种、栽培与土肥、病虫害防控、生产机械化、产品加工和产业经济等产业链条，破解限制绿肥生产的瓶颈问题，为产业发展提供了技术支撑。

广西人民很早就有利用野生绿肥的习惯和经验，在清朝乾隆年间，就有栽培茹菜、油菜兼作绿肥的记载。临桂县志记载："茹菜似萝卜，其根细，不堪食，桂人种以肥田亩"。灵川县志记载："芸苔富油质，入土种之肥田，亦可榨油"。新中国成立之后，广西不断引进、推广、种植绿肥（绿肥种植面积变化趋势见图1-1）。20世纪60年代，绿肥迅速发展，并于70年代达到鼎盛时期，其中1972年出现第一次高峰，种植面积达到67.2万hm^2。然而，1975—1987 年，广西绿肥种植面积大滑坡，平均种植面积为22.3万hm^2，尤其是1987年，跌至11.5万hm^2。到80年代后期，由于中低产田改良的广泛开展，绿肥生产重新引起重视，1988—1998年，绿肥平均种植面积为48.8万hm^2，其中1991年出现第二次高峰，种植面积为66.9万hm^2。但是，随着肥料技术的发展，90年代末期起，化肥成为主导肥源，而绿肥生产进入萧条期，到2013年，广西绿肥种植面积跌至16.9万hm^2。近年来，绿色发展理念为绿肥的生产发展带来了生机。2017年，广西绿肥面积已得到恢复性的生产，面积达28.6万hm^2（图1-1）。在绿肥品种方面，结合广西当地的自然环境和农作物发展情况，当前广西绿肥品种主要以专用绿肥紫云英、苕子、茹菜及兼用绿肥油菜、蚕豌豆、黑麦草为主，其绿肥品种种植面积由大至小依次为油菜、紫云英、苕子、蚕豌豆、茹菜、黑麦草（图1-2）。

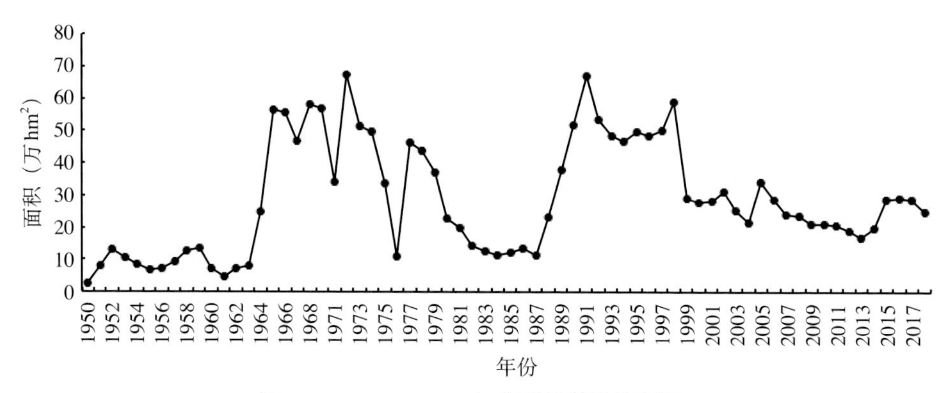

图1-1　1950—2017年广西绿肥种植面积

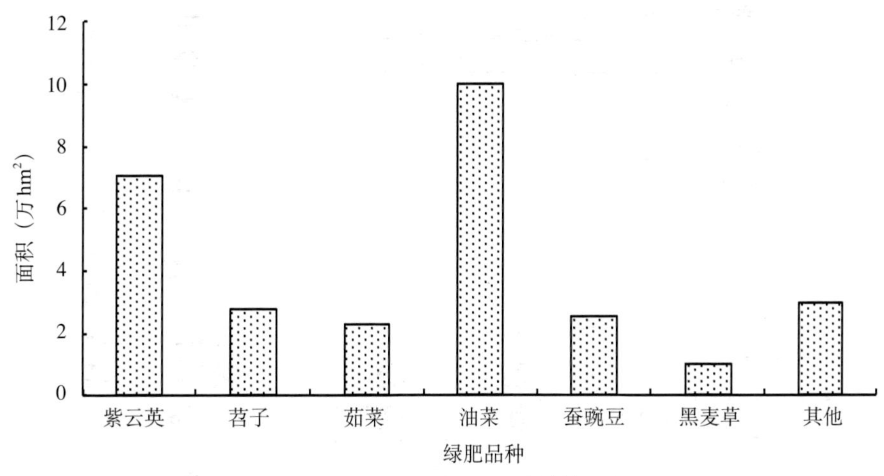

图1-2　2017年广西绿肥品种种植面积

第二节　广西绿肥种植应用模式

为兼顾广西自然条件和经济效益，广西绿肥种植模式主要以稻田绿肥轮作、果园绿肥种植和经济作物间作、轮作绿肥为主。通过绿肥轮作或间作，以绿肥培肥地力和供给养分的方式，辅助粮业、果业和经济作物的健康发展。

一、稻田绿肥轮作模式

稻田复种轮作是指在同一田地上，以水稻为中心形成的一套包括旱作作物在内的种植制度（徐宁等，2014）。充分利用冬闲田轮作绿肥是培肥地力、降低生产成本，保证南方红壤生态系统健康持续的重要手段，也是实现广西农业稳定发展的重要途径（李少泉，2012；赵其国等，2013）。广西作为南方的双季稻主产区，其绿肥轮作以水稻为主，兼顾红薯、豆类等经济作物，形成了"早稻—晚稻—绿肥""早稻—红薯—绿肥""早稻—黄豆—绿肥"等轮作模式。马艳芹等（2013；2014）对广西灵川县调查发现，该县有11.67%的农户冬季种植紫云英，早稻—晚稻—紫云英种植模式是灵川县主要耕作类型之一；杨滨娟等（2016）指出，早稻—晚稻—紫云英的生态经济效益优于早稻—晚稻—冬闲；高菊生等（2013；2010）研究表明，长期早稻—晚稻—绿肥轮作与早稻—晚稻—冬闲相比，绿肥还田不仅能显著增加土壤有机质，提高土壤全氮、碱解氮含量，加速土壤矿化，促进水稻增产，同时还能降低田间杂草密度，减少早稻期间田间杂草的种类。广西每年有近60万hm^2的冬闲田面积，适宜发展稻田绿肥轮作模式。如桂林市灌阳县黄关镇联德村作为紫云英传统种植区，采用绿肥混播、以磷增氮、稻草覆盖等方式，其绿肥鲜草产量约6×10^4kg/hm^2，后期水稻化肥减施10%～20%，其“绿肥+超级稻+再生稻”的模式，实现了水稻总产量超过1 500kg的“吨半粮”目标。

二、果园绿肥种植模式

果园绿肥种植模式是指利用果树行间空地种植绿肥，形成“土壤—果树+绿肥—大气”水热交换模式，以截获更多光能，用于光合作用，增加碳同化，促进果树的物质积累，提高果品品质（杨梅等，2017）。果园行间绿肥有利于改善土壤物理特性，提高土壤有机质含量，从而调控土壤肥力（李会科等，2008；曹铨等，2016）；在坡耕或山地果园，绿肥有利于加强土壤蓄水保水能力，提高土壤抗蚀、抗冲能力，防治水土流失（张华明等，2010）；合理套种绿肥抑制杂草、改善果园小气候，增强漫射光，起到夏季降温、冬季保温，稳定果园湿热环境的作用（李会科等，2009）；果园立体种养，提高土地资源利用率。目前，广西积极发展果园冬种绿肥—春季鲜草覆盖—夏季枯草覆盖—秋季自然生发的生态循环模式，推进“绿肥进园”“绿肥上山”，以改善果园生态环境。广西柑橘、芒果、荔枝、龙眼等资源丰富，2018年种植面积分别为38.8万hm^2、10.1万hm^2、16.2万hm^2、9.8万hm^2，果园行间空地的30%～50%可种植覆盖性绿肥，具有较好的发展潜力。如广西南宁市义平水果种植专业合作社，该基地为坡地果园，坡度10°～30°，面积35hm^2，自2016年建园以来，通过在柑橘行间种植苕子以保持水土、抑制杂草、减施化肥，从而改善柑橘园生态环境。

三、经济作物间作、轮作绿肥模式

绿肥与经济作物合理间套作既能缓解绿肥与主作物争地的矛盾，又能使绿肥更好服务于主作物（宋莉等，2014；杜青峰等，2016）。豆科绿肥的根瘤菌可固定空气中游离的氮素，增加土壤的有效氮含量（邹长明等，2013）；绿肥还田腐解过程中，土壤微生物活动增强，促使结合态的矿物养分活化分解，转化为易被作物吸收利用的形态；绿肥腐解后将自身的营养元素归于土壤，土壤表层和根层的矿物养分大大提高（宋莉等，2017）。广西茶产业具有茶园美、茶韵浓、茶市早、茶品优、茶节乐五大特色，茶园面积约8.2万hm^2，发展空间巨大，茶园发展和种植绿肥，也是发展有机茶的重要途径之一。刘义平（2011）的研究表明，茶园套种羽叶决明、圆叶决明、平托花生和百喜草等经济绿肥，在高温期能平均降低地表温度6.64℃，0～30cm土层含水量平均提高1.93%，土壤有机质、全氮、碱解氮、速效磷和速效钾分别提高2.68mg/kg、0.09mg/kg、27.81mg/kg、2.92mg/kg和5.13mg/kg。彭晚霞等（2005）在亚热带丘陵区茶园连续4年大田试验，研究了覆盖与间作对茶园生态因子及茶叶品质、产量的影响，结果表明，幼龄茶园进行稻草覆盖和白三叶草间作，提高了土壤含水量，加强了茶园生态系统的自我调控能力，从而有效促进茶树的生长，改善了茶叶品质，增加了茶叶产量。广西是中国最大的糖蔗生产区，每年的糖蔗产量占全国的70%以上，甘蔗间套种豆科绿肥，有利于实现土地用养结合。谢金兰等（2013）在广西筛选了适合甘蔗间套种的绿豆品种；He et al.(2018)、苏利荣等（2017；2019）在甘蔗地间种肥粮兼用绿豆，研究表明绿豆秸秆还田可改善土壤肥力，提高甘蔗养分含量与产量。此外，广西剑麻种植区、烟草种植区等亦可采用间作套种或轮作绿肥的方式，改土培肥。

第三节　广西绿肥种植决策行为研究

一、理论分析框架

1. 研究假说

影响农户农业生产决策行为的因素较多，一般来讲，农户决策会受到内外部因素的多重约束（郑旭媛等,2018）。以理性小农学派（西奥多·W·舒尔茨，1987）农户行为理论为基础，依据理性“经济人”假定、外部性理论和成本收益理论，将影响农户绿肥种植决策行为的因素进行分类。其中，内部因素包括农户的个体特征、家庭禀赋以及其对绿肥种植的福利认知等，外部因素包括绿肥基地和身边亲邻的示范效应、政府绿肥种植补贴以及对相关政策的宣传和对农户的培训情况等。

假设1：农户个体特征可能会影响其绿肥种植决策行为。性别差异会在一定程度上影响农户的绿肥种植决策行为。一般而言，和女性农户相比，男性更乐于接受新事物（蒋琳莉等，2016），因此本项研究预期男性更倾向于选择种植绿肥。由于年轻农业劳动力的不断外流，农村中从事农业生产的劳动力趋于“老龄化”，他们对农业生产经营更加熟悉（王善高等，2018），因此，年龄越大的农户对绿肥价值感知越高，可能更倾向于种植绿肥。农户受教育水平越高，其自身的信息接受能力越强（Schultz，1975），对农业可持续发展和生态环境保护的意识越强，绿肥种植意愿也会越强。村干部作为村集体的“带头人”，是政府的政策在村庄层面的具体实施者和推动者（肖唐镖，2006），和普通农户相比，其主动执行绿肥政策的意愿更强，因此本项研究预测村干部更倾向于选择种植绿肥。

假设2：农户绿肥种植决策行为会因其家庭禀赋条件的不同而有所差异。家庭成员人数是反映家庭人力资源储备情况的指标，家庭成员越多，就拥有更强的农业生产能力，就会有足够的劳动投入到土地上（伍山林，2016），因此预测家庭成员人数可能会对农户绿肥种植选择行为产生正向影响。一般而言，耕地面积越大，农户生计对土地的依赖越大（仇童伟，2017），就越倾向于采用绿肥养地以提高土地产出的稳定性和可持续性，因此，本项研究预期耕地面积会对农户绿肥种植决策行为产生正向影响。家庭总收入可能会对农户绿肥种植决策行为产生负向影响，这是因为中国人多地少，而且传统的统分结合的家庭承包责任制使得中国农民的种植规模普遍偏小（林毅夫，1994），农户家庭收入越高时，若非农收入部分越大，农户就越没有时间精力投入到农业生产经营活动中去（何可等，2013），对绿肥的种植意愿也就越低。

假设3：农户对绿肥种植的福利认知可能会对其绿肥种植决策行为产生一定影响。古典经济学理论认为，“理性小农”决策行为是否合理，最重要的衡量标准就是是否可以实现个人或家庭的效用最大化（马良灿，2014），也就是说，农民会对绿肥种植的成本、收益以及风险进行评估和分析，只有发现这项农业活动有利可图时，他才具备参与的意愿，由此，本项研究假定农户对绿肥种植的经济福利认知程度会对其绿肥种植决策行为产生显著正向影响。处于社会复杂关系的农民参与绿肥种植并不纯粹是一种经济行为，更受到包括价值观在内的自身社会属性的影响，因此也是一种社会行为（吕开宇等，2013）；根据马斯洛需求层次理论，农户在满足一定的生存需求后，其行为方式会逐渐由生存依赖型向安全依赖型转变，农户会更多关注绿肥替代化肥这一绿色农业生产模式给农产品质量安全带来的改善这一社会发展问题，基于此，本项研究假定农户对绿肥种植的社会福利认知程度会对其绿肥种植决策行为产生正向影响。绿肥不仅能够提高农田土壤肥力，还在缓解农业面源污染、净化空气、美化居住环境等方面具有显著的生态价值（谢志坚等，2018），若农户能够明显感知到种植绿肥生态环境带来的积极变化，便能激发种植的积极性，因此，农户对绿肥种植的生态福利认知程度也可能对其绿肥种植决策行为产生正向影响。

假设4：农户的绿肥种植决策行为还会对外部因素变化产生响应。农户行为不仅会受到自身条件、家庭禀赋等内部因素的影响，还会受到诸多外部因素的约束。绿肥基地的示范效应、绿肥种植补贴以及政府对绿肥推广的宣传培训都是影响农户绿肥种植决策行为的重要因素。示范基地在信息和技术两个方向存在显著的正向溢出效应（肖小勇等，2014），绿肥基地是农户获取绿肥信息和相关技术的有效途径，村庄附近有无绿肥示范基地是影响农户绿肥种植决策的因素之一，距离示范基地越近，农户越倾向于种植绿肥。农业作为一种半公益性行业，其发展离不开政府的支持，政府的宣传培训，政府相关补贴政策的贯彻落实情况都将对农户行为产生积极的促进作用（朱满德等，2011），因此，本项研究假定政府补贴和宣传培训情况都可能对农户绿肥种植决策行为产生正向影响。

2. 变量设置

借鉴国内外学者相关研究成果，并结合实地调研情况，将影响广西稻区农户绿肥种植决策行为的因素归纳为农户个体特征（Individual Characteristics，IC）、家庭禀赋（Family Endowment，FE）、福利认知（Welfare Awareness，WA）和外部因素（External Factors，EF）四大类，并根据各类因素的特点，构建了详细的指标体系，对相关变量的定义及说明如表1-1所示。

表1-1　变量定义及说明

变量类型	指标名称	指标代码	变量定义及赋值	预期方向
因变量	绿肥种植意愿	gm_pla	0=否；1=是	
个体特征	性别	sex	0=男；1=女	–
	年龄	age	连续变量	+
	受教育程度	educ	1=小学及以下；2=初中（中专）；3=高中；4=大专及以上	+
	村干部	cadr	0=否；1=是	+
家庭禀赋	家庭成员数	far_num	连续变量（人）	+
	耕地面积	land	连续变量（亩）	+
	家庭总收入	inco	连续变量（万元）	–
福利认知	经济福利认知	econ_ wel	种植绿肥能增加农民收入：1=不赞同；2=不太赞同；3=不确定；4=比较赞同；5=非常赞同	+

（续）

变量类型	指标名称	指标代码	变量定义及赋值	预期方向
福利认知	社会福利认知	soc_wel	种植绿肥能提升农产品质量安全水平：1=不赞同；2=不太赞同；3=不确定；4=比较赞同；5=非常赞同	+
	生态福利认知	ecol_wel	种植绿肥能改善生态环境：1=不赞同；2=不太赞同；3=不确定；4=比较赞同；5=非常赞同	+
外部因素	示范效应	dist	连续变量，家庭到最近绿肥示范基地的平均距离（km）	−
	种植补贴	subs	当地绿肥种植补贴：0=无；1=有	+
	政策宣传	pol_pro	政府对绿肥种植宣传培训：1=没在意；2=没有；3=有	+

3. 模型构建

本项研究构建农户绿肥种植选择的二分类Logistic模型来研究农户的绿肥种植决策行为。根据被解释变量取值类别的差异，Logistic模型可以划分为二元Logistic模型和多项 Logistic模型（高会等，2017）。本项研究所解释的因变量绿肥种植情况（gm_pla）是二分类变量，当农户愿意种植绿肥时，gm_pla=1；否则，gm_pla=0。本项研究所假设的影响农户绿肥种植决策行为的因素有13个，种植绿肥（gm_pla=1）的概率为。二分类Logistic模型为：

$$P = \exp(\beta_0 + \beta_1 sex + \beta_2 age + \beta_3 educ + \beta_4 cadr + \beta_5 far\_num + \beta_6 land + \beta_7 inco + \beta_8 econ\_wel + \beta_9 soc\_wel + \beta_{10} ecol\_wel + \beta_{11} dist + \beta_{12} subs + \beta_{13} pol\_pro) / [1 + \exp(\beta_0 + \beta_1 sex + \beta_2 age + \beta_3 educ + \beta_4 cadr + \beta_5 far\_num + \beta_6 land + \beta_7 inco + \beta_8 econ\_wel + \beta_9 soc\_wel + \beta_{10} ecol\_wel + \beta_{11} dist + \beta_{12} subs + \beta_{13} pol\_pro)] \quad (1\text{-}1)$$

$$\text{Logistic } P = \text{Ln}\left(\frac{p}{1-p}\right) \quad (1\text{-}2)$$

$$\text{Logistic}(P \mid gm\_pla = 1) = \text{Ln}[p/(1-p)] = \beta_0 + \beta_1 sex + \beta_2 age + \beta_3 educ + \beta_4 cadr + \beta_5 far\_num + \beta_6 land + \beta_7 inco + \beta_8 econ\_wel + \beta_9 soc\_wel + \beta_{10} ecol\_wel + \beta_{11} dist + \beta_{12} subs + \beta_{13} pol\_pro \quad (1\text{-}3)$$

式中，各回归系数β_i（$i=1$，2，3…，13）的经济含义为：其他解释变量保持不变的情况下，某一解释变量每增加1个单位，Logistic P相应地增加（或减少）β_i个单位。

4. 模型检验

本项研究采用Hosmer-Lemeshow（HL）指标检验二分类Logistic 回归模型的拟合优度，当HL 指标统计显著，表示模型拟合不好；反之，当HL指标统计不显著，表示模型拟合效果好。其公式如下（Hosmer et al.，2000）：

$$HL = \sum_{j=1}^{J}\left(\frac{Y_j - N_jP_j}{N_jP_j(1 - P_j)}\right) \tag{1-4}$$

式中，J为分组数，$J \leqslant 10$；Y_j为第j组事件的观测数量；N_j为第j组中的案例数，P_j为第j组预测事件概率；N_jP_j为预测数。

二、稻区农户绿肥种植意愿：基于事实的描述性统计

1. 数据来源及说明

本项研究数据来源于广西灌阳县农村地区进行的实地调研。鉴于当前绿肥种植分布的特殊性[①]，单纯的随机抽样的调研方法不再完全适用。本项研究采取"中心扩散+随机抽样"的复合调研方法，即在每个地区先选取2个绿肥示范基地，然后以绿肥示范基地为中心，以和基地的距离为半径向外扩散进行调研村庄的选择，具体结合当地的实际情况，按照每3km为1个距离节点，分别在距离基地0 ～ 3km、3 ～ 6km、6 ～ 9km、大于9km的范围内各随机抽取2个村庄作为调研样本，共走访16个村庄527户农户家庭，涉及2 200多人。问卷调查内容包括4个部分，分别为农户基本信息、农户生产经营信息、农户绿肥种植情况和农户对绿肥的认知情况，其中，农户认知调查又涉及农户对绿肥功能与价值的认知和农户对政府绿肥政策的认知两个方面。经筛选，共获得506户可用于实证分析的有效问卷，有效问卷率达96%。

2. 样本农户的基本情况描述

表1-2描述了样本农户的基本情况。从性别来看，样本农户中男性占61.07 %，女性占38.93 %。从年龄来看，30岁及以下的农户仅占5.53 %，31 ～ 50岁的农户所占比例为26.48 %，50岁以上农户占总样本农户数量的67.99%，可见当前农村留守劳动力老龄化严重，青壮年劳动力严重匮乏。从受教育程度来看，样本农户受教育程度普遍较低，小学及以下文化程度的农户占总样本量的比例为66.01%，初中文化程度的农户占24.90%，有高中及以上

① 由于绿肥种植短期内直接经济效益不明显，导致当前农户种植积极性不高，种植面积有限，尚未形成规模效应，农户种植多集中在绿肥示范基地附近，而其他地区较少。

文化程度的农户仅占总样本量的9.09%。农户的年龄结构及受教育程度通过影响其劳动能力、信息接收能力以及知识储备和应用能力影响了农业人力资本，进而必然会影响到农户绿肥种植的决策行为。从农户身份属性来看，村干部占总样本量的5.93%，普通农户占94.07%。从家庭成员人数来看，3人及以下的农户家庭所占比例为13.44%，4 ～ 7人的农户家庭占78.26%，而8人及以上的家庭仅占8.30%。从家庭收入来看，家庭收入在2万元及以下水平的农户占总样本量的49.21%，2万～ 5万元的农户占36.56%，而5万元以上的农户仅占14.23%，可见绝大多数农户的收入水平有限，这种经济禀赋的约束也可能会对农户绿肥种植选择行为产生一定影响。从农户决策行为来看，506户样本农户中，有265户选择了种植绿肥，超过了总样本量的50%，另有241户选择不种植，这说明农田引入绿肥进行土壤肥力提升和生态环境保护这一绿色农业发展模式在样本地区得到了多数农户的支持，但仍有较大的提升空间。

表1-2　样本农户基本情况描述

变量	分类	频数	频率（%）	变量	分类	频数	频率（%）
性别	男	309	61.07	村干部	是	30	5.93
	女	197	38.93		否	476	94.07
年龄	30岁及以下	28	5.53	家庭成员	3人及以下	68	13.44
	31 ～ 50	134	26.48		4 ～ 5人	249	49.21
	51 ～ 70	312	61.66		6 ～ 7人	147	29.05
	71岁及以上	32	6.33		8人及以上	42	8.30
受教育程度	小学及以下	334	66.01	家庭收入	2万及以下	249	49.21
	初中（中专）	126	24.90		2万（不含）～ 5万	185	36.56
	高中	30	5.93		5万（不含）～ 8万	54	10.67
	大专及以上	16	3.16		8万以上	18	3.56
决策	种植	265	52.37				
	不种植	241	47.63				

三、稻区农户参与绿肥种植决策行为影响因素分析

1. 模型回归结果

本项研究运用stata14统计计量软件对模型进行回归，回归结果如表1-3所示。由回归结果可知，模型的HL指标为2.014，其概率为0.88，统计不显著，说明农户绿肥种植决策可能性分布的二分类Logistic回归模型很好地拟合了数据。

表1-3回归结果表明，农户年龄、是否是村干部、家庭总收入、社会福利认知、生态福利认知、基地示范效应、种植补贴及政策宣传8个因素通过了显著性检验，是影响广西稻区农户绿肥种植决策行为的主要因素。在Logistic回归中，Exp（β）的内涵为，在其他条件不变的情况下，解释变量每变化1单位时的被解释变量发生概率变化率（颜廷武等，2017），因此，根据Exp（β）的大小，可以得到上述8个因素对农户绿肥种植决策影响程度的大小排序：政策宣传＞生态福利认知＞种植补贴＞农户年龄＞家庭收入＞是否为村干部＞示范效应＞社会福利认知。根据回归结果，可以建立以下方程：

$$\text{Logistic}(P \mid gm\_pla=1)=\text{Ln}[p/(1-p)]=-0.042age+1.860cadr-0.119inco+0.294soc\_wel+0.502ecol\_wel-0.877dist+1.126subs+1.070pol\_pro \tag{1-5}$$

表1-3　模型回归结果

变量类型	指标名称	回归系数	标准差	统计量	自由度	显著性水平	Exp(β)
个体特征	sex	－0.182	0.310	0.213	1	0.558	0.818
	age	－0.042	0.017	3.103	1	0.014	0.959
	educ	－0.116	0.281	0.104	1	0.680	0.880
	cadr	1.860	0.882	1.682	1	0.035	0.848
家庭禀赋	fam_num	0.103	0.103	0.307	1	0.319	1.085
	land	0.059	0.038	1.304	1	0.121	1.063
	inco	－0.119	0.061	1.268	1	0.051	0.909
福利认知	econ_ wel	－0.258	0.162	0.155	1	0.111	0.922
	soc_ wel	0.294	0.133	2.172	1	0.027	0.207
	ecol_ wel	0.502	0.167	7.131	1	0.003	1.831
外部因素	dist	－0.877	0.090	48.018	1	0.000	0.417
	subs	1.126	0.145	1.355	1	0.000	1.604
	pol_pro	1.070	0.217	12.082	1	0.000	2.947
常量	cons	0.906	1.486	0.299	1	0.542	3.111

HL（Hosmer-Lemeshow）=2.014；P=0.88。

2. 结果分析与讨论

在农户个体特征变量中，农户年龄、是否是村干部对农户绿肥种植决策行为影响显著。农户年龄在5%的水平上通过显著性检验，并且其对农户绿肥种植决策行为的影响为负向，说明年龄越大的农户选择种植绿肥的可能性就越小，与研究假说正好相反。这可能是因为老年农户思想保守、劳动能力下降，对种植绿肥的积极性不高，而青壮年劳动力更富冒险精神，且易于接受新事物，因此相比于老年农户，青壮年农户更倾向于作出种植绿肥的决策。是否为村干部同样在5%的水平上通过显著性检验，其对农户绿肥种植决策行为影响为正向，表明村干部更倾向于种植绿肥，验证了相关研究假定。对此作出的可能解释为：村干部除了具有普通农户身份外，还是村集体领导，因此他们不仅仅是农业政策约束主体和被执行对象，更是国家相关农业政策在村级行政单位的具体落实者，对政策认知程度较高，主动执行的意愿较强。受教育程度对农户绿肥种植决策行为影响没有通过显著性检验，其原因可能有2个方面：一是当文化水平达到一定程度，在谋取自身最大利益动机的驱动下，农户不再愿意投身于比较效益低的农业生产中；二是绿肥作为一种20世纪50—60年代被广泛使用的传统肥源，年龄越大的农户对其价值认知越高，而受教育程度高的往往是年轻人，他们对绿肥反而缺乏认识，因此受教育程度对农户绿肥种植决策行为影响不显著。

在农户家庭禀赋变量中，家庭收入对农户绿肥种植决策行为影响显著。家庭收入在10%的水平上通过显著性检验，且其对农户绿肥种植决策行为的影响为负，可见农户家庭收入越高，种植绿肥的可能性就越低，验证了研究假定。家庭总收入之所以会对农户绿肥种植决策行为产生负向影响，可能的原因：当前农村家庭非农收入占比不断提升（徐志刚等，2017），农户家庭收入越高，则非农收入部分越大，农户就越没有时间、精力投入到农业生产经营活动中去，对绿肥的种植意愿也就越低。家庭成员人数和耕地面积对农户绿肥种植决策行为影响没有通过显著性检验。家庭成员人数影响不显著，可能是由于现阶段农村劳动力非农转移比较普遍，即使农户家庭成员较多，但实际从事农业生产的通常也只有2～3人，因而家庭成员人数这一变量对农户绿肥种植决策行为影响不明显。耕地面积影响不显著与当前我国农村土地利用现状有关，传统的统分结合的家庭承包责任制决定了中国农民的种植规模普遍偏小。调查显示，广西稻区农户户均耕地经营面积不到3亩*，而农业劳动力的非农转移使得有限的土地却出现部分弃置与抛荒，因此耕地面积对农户绿肥种植决策的作用并不明显。

在农户福利认知变量中，绿肥种植的社会福利认知及生态福利认知分别在5%和1%的水平上通过显著性检验，且对农户绿肥种植决策行为的影响都为

* 亩为非法定计量单位，1亩≈0.0667hm^2。——编者注

正向，验证了相关假设。农户对绿肥种植的生态福利和社会福利认知度越高，越倾向于选择通过种植绿肥来提高自身综合福利水平。农户作为农村生产生活的主体，在作出自身行为选择时，经济目标不是唯一的激励或约束条件，农户会出于自身生活质量和身体健康的统筹，关注社会、生态效益，尤其是当农户实现某一经济目标后，会更加关注农村社会发展与农村环境问题。经济福利认知对农户绿肥种植决策行为影响不显著，不具有统计学意义。出现这种结果的原因：绿肥为一种直接经济价值较小的辅助作物和中间产品，在当前绿肥产业价值链和绿肥市场尚未发育完全的情况下，翻压还田单一利用模式并不能显著提高农民收入，在新的利用模式和绿肥产品开发技术突破之前，农户对绿肥的经济福利认知并不会显著影响农户的绿肥种植决策行为。

外部因素对农户绿肥种植决策作用明显。基地示范效应、种植补贴和政策宣传都在1%的水平上通过显著性检验，其中，基地示范效应对农户绿肥种植决策行为的影响为负向，种植补贴和政策宣传影响为正向，验证了研究假定。绿肥基地会影响农户种植选择行为，距离绿肥示范基地越近，农户越倾向于种植，反之，农户种植的可能性就越低。究其原因，可能是由于绿肥示范基地在信息和技术两个方向存在显著的正向溢出效应，区位优势提高了农户利用信息和技术的效率，解决了农户在种植过程中遇到的现实问题，提升了农户自发决策的动力。在某种程度上，绿肥是一种准“公共物品”，绿肥种植离不开政府的参与，政府职能能否有效发挥，关系到绿肥种植推广的效率和最终目标的实现水平。从这一意义上讲，政府进行宣传培训和对绿肥种植进行补贴都会提高农户绿肥种植的意愿，从而更有利于农户作出种植绿肥的决策。

四、结论与启示

1. 研究结论

本项研究基于农户视角，利用实地调研数据，通过构建计量模型，实证分析了广西稻区农户对绿肥种植的意愿选择及其决定因素，并揭示了农户的个体特征、家庭特征、外部因素以及绿肥种植福利认知对农户绿肥种植决策选择的影响机制，得到以下研究结论：从农户意愿来看，在充分尊重农户追求个人或家庭效用最大化的前提下，农田引入绿肥进行土壤肥力提升和生态环境保护这一绿色农业发展模式可以得到多数农户的支持。农业绿色发展既能满足农户消费结构升级的需要，也是保护农户生产生活环境的需要，同时还是发掘新时期农户家庭发展新动能的需要（周宏春等，2018）。通过推广绿肥，促进农业绿色转型，盘活农业经济、社会以及生态环境资源，激发农民多元化发展路径，对农户来说也是迫切需要的发展方式。从各因素的影响机制来看，农户年龄、是否是村干部、家庭总收入、社会福利认知、生态福利认知、基地示范效应、种植补贴及政策宣传8个因素是影响广西稻区农户绿肥种植决策行为的主要因素，其中，政策宣传对农户绿肥种植决策影响程度最大，系数为2.947，其次为生态福利认知，系数为1.831，种植补贴、农户年龄、家庭收入也会对农户行为产生较大影响，系数分别为1.604、0.959和0.909，而社会福利认知对农户绿肥种植决策行为影响较小，其系数为0.207。从各因素的作用方向来看，农户年龄、家庭收入以及示范效应对农户绿肥种植决策具有负向影响，而其他因素具有正向影响。针对此，须继续加强针对性激励保障措施建设，进一步提高农户绿肥种植意愿，积极引导农户选择有利于农业绿色发展的农业生产技术模式，切实改善农业资源环境条件，推动农业可持续发展。

2. 启示

一是充分尊重农户意愿，保障其追求个人或家庭效用最大化的权利。在绿肥推广应用过程中，农户既是参与主体也是直接受益者，只有在充分尊重农户“个体理性”和家庭“集体理性”的基础上，让农户自愿、主动参与绿肥种植，才能最大限度地保障绿肥推广效率。然而受农户禀赋和绿肥经济特性制约，从全国来看，当前绿肥推广工作并不顺利，因此，有必要通过提高农民自身的发展能力，降低绿肥种植利用的成本，最大限度地挖掘绿肥的综合效益。

二是加大政策宣传力度，提高农户对绿肥种植的综合福利认知。研究发现，政策宣传和农户对绿肥种植的社会和生态福利认知，都可以显著提高其种植意愿。鉴于此，政府及社会有关部门应重点做好绿肥推广宣传工作，加强对农户绿肥种植利用相关知识、技术的教育和培训，让农户在更好地了解国家绿肥相关政策的同时，更加充分认知绿肥在提供生态产品、保障农产品质量安全等方面给社会带来的福利改善，以及在培肥地力、改善农业生态环境等方面给生态环境带来的福利改善，以提高农户自发参与绿肥种植的积极性。此外，针对年轻农户、村干部更倾向于种植绿肥这一特点，在今后绿肥推广中要特别注意对青壮年农户和村干部进行重点宣传与教育。

三是统筹整合各方资源，加强绿肥示范基地建设。研究表明，绿肥示范基地对农户绿肥种植决策的带动作用明显，加强基地建设是激发农户种植意愿的有效措施。应整合农业人才、资金、科研等资源，合理布局绿肥基地建设，增加绿肥基地数量，拓宽基地辐射范围，通过不断健全与绿肥基地相关的农村社会化服务体系，提高基地服务质量，提升基地带动程度，从软件、硬件两个方面增强绿肥示范基地服务水平。

四是完善生态补偿机制，提高农户绿肥种植补贴标准。研究显示，政府的补贴政策对农户绿肥种植决策行为产生了显著的正向影响，因此，有必要构建完善的农户绿肥种植补贴政策，并在合理的范围内进一步提高补贴标准。生态补偿是激励人们对生态系统进行维护和保育，解决由市场失灵造成的生态效益外部性问题的有效手段（吴乐等，2018）。建立绿肥种植生态补偿机制是激发农户参与意愿最重要的措施，也是推进绿肥产业市场化发展的重要环节。研究制定合理的绿肥种植生态补偿机制，从农户激励视角保障绿肥种植的国家目标和农户目标之间利益协调和目标实现，是未来绿肥产业经济研究的重点方向。

第四节 广西绿肥产业发展SWOT分析

一、优势（Strengths）

1. 地理与空间资源优势

广西地处亚热带季风气候区，温、光、水资源丰富，每年10月至次年3月，月平均气温为11 ～ 26℃，而年最冷月气温为8 ～ 13℃，为紫云英、苕子、茹菜、油菜等绿肥作物的生长提供了适宜的环境；且雨量充沛，冬季降雨量一般为40 ～ 280mm，占全年降雨量的4%～ 14%，满足绿肥怕旱忌渍的生长要求。广西主粮作物以水稻为主，且水果产业较为丰富，这为绿肥种植提供了有利的发展空间。此外，绿肥种植季节集中在冬季的10月至次年3月，这段时间不与主粮作物争季节、争劳力。

2. 种植基础与栽培技术优势

广西绿肥种植历史久远，特别是桂北地区一直保持冬种绿肥的习惯，积累了丰富的种植经验（李少泉等，2012）。并且，当地相关科研部门提供了技术支持，尤其是广西农业科学院，长期以来注重绿肥产业的发展。广西农业科学院自20世纪60年代引进、选育和推广优良绿肥品种，到70年代集成了桂南冬季绿肥栽培技术，并获1978年度广西科学大会优秀科技成果奖，在80年代参与完成中国绿肥区划，获1984年度农牧渔业部技术改进奖二等奖，且选育的紫云英新良种萍宁3号、萍宁72和苕子新良种藤湖苕分别获1990年和1991年广西科技进步奖三等奖。近年来，广西农业科学院及其他各级农业部门积极探索绿肥生产综合利用技术，推广应用稻田免耕栽培技术、高留茬稻草－绿肥协同利用技术、绿肥混播技术、果园绿肥轻简栽培技术、经济作物间作、轮作绿肥技术等，并大力发展肥粮兼用、肥油兼用、肥饲兼用、肥菜兼用、肥赏兼用、肥蜜兼用的绿肥兼用模式，拓宽绿肥应用的综合价值。

二、劣势（Weaknesses）

1. 地区发展不平衡

长期以来，广西绿肥种植主要集中在桂北、桂西北的桂林、河池、百色等地，其他地方相对较少，导致全区绿肥生产存在发展不平衡的问题。以2017年为例，作为传统种植区的桂林绿肥种植面积最大，为7.5万hm^2；其次是桂西北的河池，面积为4.1万hm^2；百色面积为3.3万hm^2，3地种植面积占广西全区的52%。位于热带季风区的钦州、北海、防城港等北部湾沿海区的绿肥种植面积较小，面积分别为0.6万hm^2、0.25万hm^2、0.08万hm^2，仅占广西全区的3.3%（图1-3）。在绿肥示范样板基地方面，桂林市示范样板基地最多，有62个，示范面积2 300.7hm^2；钦州、北海及防城港示范样板样板分别为19个、4个、10个，示范面积分别为286.7hm^2、116.7hm^2、100hm^2（图1-4）。因此，广西绿肥传统种植区的发展水平要远远高于其他地区，其传统种植区的辐射作用急需提高，以便实现以点带线、以线带面，实现广西各地绿肥的协调发展。

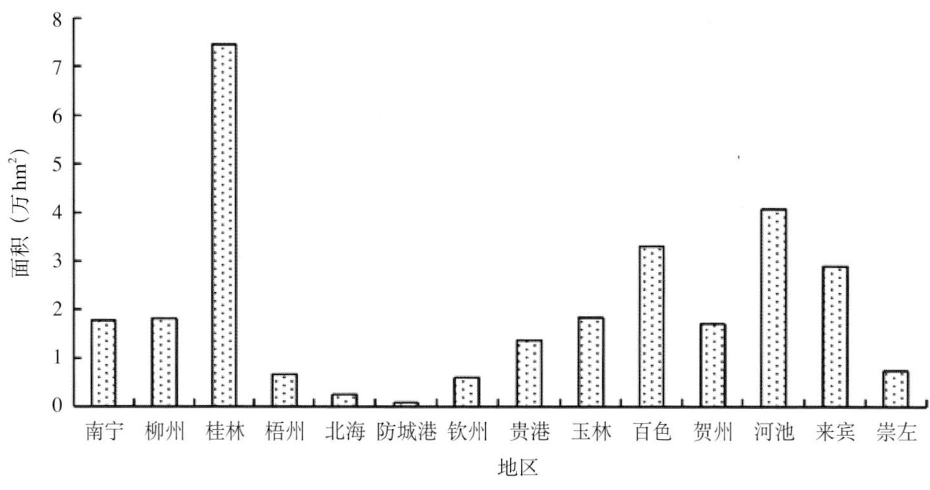

图1-3　2017年广西各地绿肥种植面积

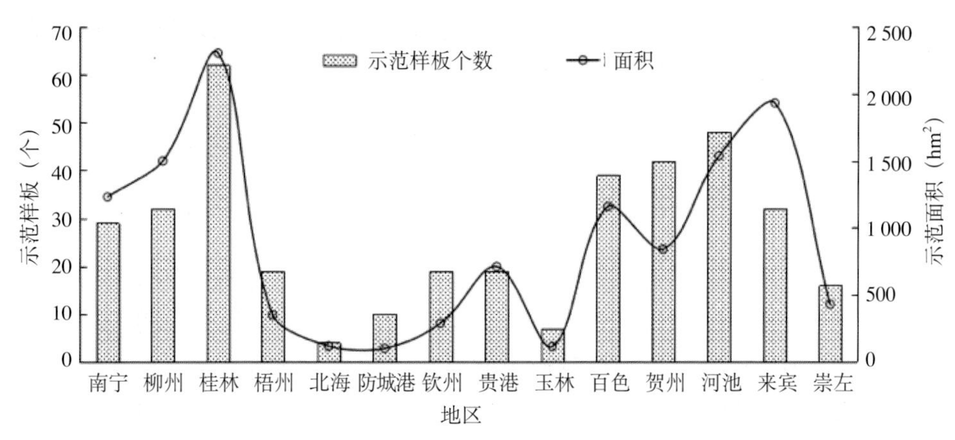

图1-4　2017年广西各地绿肥示范样板个数及面积

2. 产业基础薄弱

在过去较长一段时间内，绿肥研究停滞、绿肥生产滑坡，导致科研人才流失、绿肥种质资源混杂、品种退化，绿肥播种、水肥管理、病虫害防控、翻压利用、后茬作物养分运筹等技术体系不完善，机械播种、开沟、翻压一体化欠缺，绿肥生态价值未被挖掘，功能产品开发几乎空白，绿肥产业链未形成。广西双季稻区种植绿肥，多数不能留种，市场用种以外调为主。由于绿肥缺乏品种审定或备案途径，造成市场品种杂乱，远距离调种，区域适应性差，品质监控欠缺、成本增高，制约了广西绿肥生产的发展。此外，栽培技术体系和农户认知水平的相对落后，导致农户"重播轻管"的现象，进而造成绿肥作物自生自灭，影响鲜草产量；广西坡耕地较多，机械化程度较低，也影响了果茶园绿肥的推广。

三、机遇（Opportunities）

1. 政府的政策支持

广西各级政府相关部门的高度重视为绿肥发展提供了重要的政策支撑和发展动力。2013年，广西壮族自治区农业厅发布了《发展绿肥生产，促进美丽乡村建设的指导意见》，同年，时任自治区党委副书记危朝安在《广西日报》发表的《让绿肥"红"起来——从广西绿肥生产止跌复活进一步突破瓶颈》一文，提出"在冬闲田大力推广绿肥种植，集中解决种子和绿肥高产栽培两大关键问题"。2015年，广西壮族自治区国土资源厅、农业厅、审计厅、统计局联合印发《广西壮族自治区耕地保护责任目标考核暂行办法》，规定耕地土壤改良与培肥经费纳入各县财政预算，投入经费不少于15元/hm^2。2017年、2018年广西壮族自治区农业厅陆续发布了《2017年广西耕地质量提升和化肥减量增效技术推广项目实施方案》和《2018年广西农业生产发展资金（农业资源与生态保护）项目实施方案》，建立绿肥种植核心示范区，补贴标准为3 000元/hm^2。2018年广西壮族自治区农业厅发布了《2018—2020 年全区绿肥生产指导意见》，明确了绿肥生产的总体思路和目标任务，提出了以培肥地力和绿色增产为目标，以多能化应用和提升效益为切入点，以美丽乡村和美化田园为着力点，以休闲农业和乡村旅游建设为创新点，以新型经营主体和创新发展模式为落脚点的关键内容。

2. 绿色发展理念的机遇

2018年，中央一号文件中提出开展农业绿色发展行动，《中共广西壮族自治区委员会关于实施乡村振兴战略的决定》中提到，要全面建立以绿色生态为导向的制度体系，推行农业绿色生产方式，深入实施化肥农药零增长行动。新形势下，国家积极推进“质量兴农、绿色兴农”战略，并把“生产更绿色、资源更节约、环境更友好”作为农业供给侧结构性改革和乡村振兴背景下农业生产发展的新导向。尤其是国家实施“化肥使用量零增长”“耕地质量提升”“耕地轮作休耕”等绿色发展理念的机遇，因地制宜地种植绿肥，推进广西耕地用养结合，削减农业面源污染，改善农田生态环境，保障农产品安全，契合国家“农村增绿”的战略构想，对促进农业可持续发展具有重要意义。

四、挑战（Threats）

1. 绿肥增值增效潜力挖掘

绿肥虽然有效地培肥地力，改善农田生态环境，但其直接经济效益并不突出。即使在乡村振兴战略下，乡村旅游、休闲农业等新业态得到了较大的发展，可是，绿肥的观赏价值未能充分地体现出来，仅是花开时节“昙花一现”的观光，还未能真正将其作为一个特色产业融入到乡村旅游之中。而且，受当地市场和农户等经营主体意识的限制，绿肥的其他功能未能得到了解、认知和推广，从而极大地影响了农户种植的积极性，制约了绿肥生产的发展。因此，如何以肥增效、以肥促收，是绿肥种植生产面临的重要挑战。

2. 绿肥产业价值链开发

目前，绿肥的价值主要体现在肥用上，其食用、菜用、饲用、蜜用、观赏用等附加价值尚未充分开发。绿肥品种审定、生产制种、经营销售还未健全，由于绿肥的产品开发、市场培育尚处于萌芽阶段，以绿肥为原料的精加工利用程度低，绿肥产品的生态属性未被社会所普遍认知。在市场经济中，应兼顾经济效益、社会效益和环境效益，注重完善产业链，找准农户增值增长点，以拓宽绿肥产业的价值链，促进“三产融合”，是绿肥产业发展面临的重要挑战。

第五节 广西绿肥产业发展路径研究

一、SWOT 矩阵分析

根据广西绿肥产业发展的优势、当前所面临劣势、机遇和挑战，结合SWOT矩阵分析，提出广西绿肥产业发展的增长型、扭转型、多种经营、防御型4类战略及4类产业发展途径（表1-4）。

表1-4 广西绿肥产业发展SWOT 矩阵分析

项目	内容	战略	途径
优势S	1.地理与空间资源优势 2.种植基础与栽培技术优势	SO战略 （增长型战略）	绿肥种植保障机制
劣势W	1.地区发展不平衡 2.产业基础薄弱	WO战略 （扭转型战略）	科学统筹机制
机遇O	1.政府重视绿肥生产 2.绿色发展理念的机遇	ST战略 （多种经营战略）	经营模式转变机制
挑战T	1.绿肥增值增效潜力挖掘 2.绿肥产业价值链开发	WT战略 （防御型战略）	“绿肥+”清洁产业发展机制

二、广西绿肥产业发展路径

根据SWOT矩阵分析，广西绿肥产业应在增长型战略的基础上以扭转型战略和多种经营战略为核心，兼顾防御型战略，强化绿肥种植保障机制、科学统筹机制、经营模式转变机制，“绿肥+”清洁产业发展机制，实现产业升级，助推乡村振兴。

1. 绿肥种植保障机制

落实绿肥种植计划保障机制，发挥各类补贴叠加效应。一是把国家耕地保护与质量提升项目及自治区补助市（县）耕地保护与质量提升项目的资金重点用于开展绿肥生产；二是各市（县）统筹利用耕地土壤改良与培肥经费；三是整合化肥使用量零增长行动、美丽广西乡村建设、休闲旅游等项目资金；四是各地农业部门积极向当地财政申请专项资金用于扶持绿肥生产。以2017年为例，广西壮族自治区农业厅和财政厅联合发出《关于做好2017年耕地保护与质量提升工作促进化肥减量增效的通知》，提出了先建后补、以奖代补的方式，对种植大户、专业合作社等经营主体给予补贴。

实行绿肥生产托管服务机制。绿肥的生产涵盖了播种、管理、翻压、后茬作物施肥等过程，以种子购买为主的补贴，导致种子派发难、播种难、管理难等问题。通过政府购买服务，托管绿肥播种、开沟、翻压等生产过程，并设置阶段目标，分阶段达标后补助经费。

建立系统的绿肥种植生态补偿长效机制。生态补偿是解决市场机制失灵造成的生态效益外部性问题的有效途径，也是推进绿肥产业市场化的重要环节。从补偿标准入手，研究制定包括补偿对象、补偿原则、补偿资金来源、补偿制度设计等在内的市场化、多元化的绿肥种植生态补偿机制。

2. 科学统筹机制

从区域规划、良种繁育、技术研发与推广、宣传培训等方面科学统筹。在区域规划方面，《2018—2020 年全区绿肥生产指导意见》提出，根据各地种植习惯、生态条件等因素，在桂北地区的桂林、贺州，重点发展紫云英、茹菜、油菜等；桂西地区的崇左、百色、河池，重点发展苕子、紫云英、油菜等；桂中地区的柳州、来宾，重点发展紫云英、油菜等；桂东、桂南地区的南宁、梧州、玉林、贵港、钦州、北海、防城港，重点发展紫云英、苕子等。良种繁育方面，在单季稻种植区及休耕轮作区建立绿肥优良品种繁育基地，实现种子自主供给；在技术研发与推广方面，科研、教学、农技通力合作，产学研相结合；在宣传培训方面，加强技术培训、建立示范样板，重视媒体宣传，营造良好氛围。

3. 经营模式转变机制

转变经营模式、积极培育新型绿肥种植主体。由于大部分农村青壮年劳动力外出务工，造成农村劳动力匮乏，影响了绿肥的生产发展。引导公司、专业合作社、家庭农场、种植大户等新型经营主体，实施规模化、标准化种植，主打“绿色牌”“生态牌”“健康牌”，实施品牌战略。如广西隆安昌隆农业科技开发有限公司，以“公司＋合作社＋基地＋农户”的运作模式在南宁市隆安县雁江镇建立稻米核心种植区133.3hm^2，采用“早稻—晚稻—绿肥”的技术模式，提升了稻米品质，同时将绿肥与壮族稻作“那”文化相结合，打造香米品牌，其中“那之味”入选2017年CCTV商城优选品牌。

4.“绿肥＋”清洁产业发展机制

基于绿肥，融合粮业、果业、菜业、蜜业、旅游业及副产品开发，推广绿肥＋清洁（有机）稻米、绿肥＋清洁果品、绿肥＋立体种养、绿肥＋观光农业，创新“绿肥＋”清洁产业发展机制，拓宽绿肥产业价值链，实现绿肥产业升级。如桂林兆丰农业投资发展有限公司在灵川县谭下镇以“绿肥＋有机肥”的方式生产有机稻米和优质稻米，实现“绿肥＋清洁（有机）稻米”的融合发展；阳朔县农业农村局在遇龙河畔种植千亩油菜，实现“绿肥＋旅游”的融合发展；三江县和里盘龙种稻养鱼农民专业合作社在三江县和里村以“绿肥—稻—鱼”模式，实现“绿肥＋立体种养”的融合发展。

2 第二章 绿肥在现代农业中的作用

第一节　绿肥还田腐解特征

一、不同绿肥作物还田腐解特征

不同绿肥作物翻压还田后，受土壤环境、气候条件影响，腐解快慢不一，但其腐解过程一般包括快速腐解期和缓慢腐解期。王飞等（2012）研究亚热带单季稻区紫云英盛花期不同翻压量下的腐解和养分释放特征，结果表明，不同翻压量下紫云英干物质腐解速率均为前20d最高，至60d后进入缓慢腐解阶段。邓小华等（2015）在烟田研究发现，紫云英在第零～二周为快速腐解期，翻压后14d时的累计腐解率为37.02%，平均每周的腐解率为18.51%，第三～七周为中速腐解期，至翻压后49d时的累计腐解率达到70.57%，平均每周的腐解率为6.71%，第八～二十周为缓慢腐解期，翻压后140d的累计腐解率为79.01%，平均每周的腐解率为0.65%。潘福霞等（2011）研究旱地条件下箭筈豌豆、苕子、山黧豆3种豆科绿肥的腐解和养分释放特征，结果表明：3种绿肥作物在翻压后15d内为快速腐解期，平均腐解速率分别为0.34g/d、0.30g/d和0.35g/d，翻压后15～70d为缓慢腐解期，平均腐解速率仅为0.023g/d、0.026g/d和0.021g/d，显著小于前15d。李逢雨等（2009）将油菜植于稻田行间，研究其腐解特征，结果表明，油菜秆腐解过程中，组织结构的破坏主要发生在腐解的前10d，次生木质部以上的维管形成层、韧皮纤维、皮层薄壁组织和表皮均受到破坏而脱落。

绿肥作物前期腐解快，后期腐解慢，其原因可能是在腐解前期秸秆中可溶性有机物及无机养分较多，为微生物提供了大量的碳源和养分，微生物数量增加，活性增强；后期随着腐解的进行，秸秆中可溶性有机物逐渐减少，剩余部分主要为难分解的有机物质，导致微生物活性降低，秸秆的腐解也随之变慢（Tian G et al.，2007；Thomesn I K et al.，1999）。豆科绿肥（大豆、绿豆、长武怀豆、紫花苜蓿、苕子、箭筈豌豆、山黧豆）、十字花科绿肥（肥田萝卜、二月兰）、禾本科绿肥（黑麦草、高羊茅、鼠茅草）、菊科绿肥（菊苣、肿柄菊）等在腐解中均呈现类似的规律。而不同绿肥作物腐解速率不同，可能与碳氮比有关，一般情况下碳氮比在（25 ～ 30）：1最有利于微生物活动（陆欣，2002），有助于有机物的分解。Natanael et al.（2016）研究菽麻、刀豆、木豆、猪屎豆、拉巴豆、黧豆等豆科绿肥还田腐解时指出，菽麻分解最慢，与其高碳氮比有关，而刀豆分解最快，与其低碳氮比有关。

二、不同绿肥作物还田养分释放特征

绿肥翻压后，其植株释放的氮、磷、钾养分会对后茬作物生长产生影响，明确绿肥作物翻压后养分的释放规律，对科学合理利用绿肥作物具有重要意义。从养分的矿化速率来看，一般情况下，钾的释放速率最大，其次是磷、碳、氮。主要原因可能是茎秆中钾不以化合态形式存在，而是以钾离子（K^+）形态存在于细胞中或植物组织内，很容易被水浸提释放出来，释放最快；磷、氮以难分解的有机态为主，物理作用下不容易分解，释放较慢；而碳主要以有机态存在，不容易腐解（吴珊眉等，1986）。潘福霞等（2011）、赵娜等（2011）、刘佳等（2013）、李逢雨等（2009）研究紫云英、箭筈豌豆、苕子、山黧豆、长武怀豆、大豆、绿豆、二月兰、油菜秆等还田后，秸秆的养分释放速率均为钾＞磷＞氮；吕鹏超等（2015）研究覆盖还田方式下大豆、花生的腐解特征，结果表明，大豆、花生秸秆腐解的养分释放率均为钾＞磷＞碳＞氮；邹雨坤等（2014a；2014b）、武际等（2013）研究不同还田方式下木薯茎秆、香蕉茎秆、小麦茎秆的腐解特征，其腐解释放速率表现为钾＞磷＞氮≈碳。

三、不同还田方式下绿肥腐解特征

绿肥在土壤中的腐解是一个复杂的过程，不同还田方式对绿肥的腐解特征存在一定的影响。土壤微生物喜欢高温潮湿的环境，在土埋还田条件下，土壤的通气状况良好，土壤温度提升较快，有利于土壤微生物和酶活性的提高。而在水淹条件下，氧气被阻隔，一些好氧微生物由于得不到充分的氧气而降低了活性，所以水淹条件下，残体的腐解速度变慢，腐解量相对减少（邵丽等，2013）。李忠义等（2017）研究覆盖还田、土埋还田和水淹还田方式下拉巴豆腐解动态，研究表明，拉巴豆茎秆累计腐解率及碳、氮、磷、钾等养分的累计释放率均表现为土埋还田＞水淹还田＞覆盖还田。武际等（2011）研究不同水稻栽培模式和秸秆还田方式下的油菜、小麦秸秆腐解特征，结果表明，常规栽培模式（水稻常规栽培是指除“烤田期”外，其余生长阶段土壤表层均保持浅水层状态）下，秸秆覆盖还田腐解率＞秸秆土埋，节水栽培模式下（水稻节水灌溉栽培是指采用无水层灌溉技术，即在水稻返青后的各个生育阶段，田面不再建立水层），秸秆土埋＞秸秆覆盖。王允青等（2008）研究露天、水泡和土埋3种田间作物秸秆还田方式，研究表明，土埋情况下，小麦和油菜秸秆腐烂速度快于露天和水泡处理，而氮、磷、钾的养分释放速率均为水泡＞露天＞土埋。绿肥还田中，不同还田量及还田深度对其腐解特征也有一定的影响。胡宏祥等（2012）研究发现，油菜全量还田的秸秆腐解速率＜2/3量的油菜秸秆腐解速率＜1/2量的油菜秸秆腐解速率＜1/3量的油菜秸秆腐解速率；在种植水稻条件下，油菜秸秆还田速度为表层还田＞20cm深度还田＞10cm深度还田，其原因可能是由于夏季，水田表层不仅温度高，而且表层土壤中微生物比较活跃，油菜秸秆接触表层土壤时，会接触到很多活性微生物，分解速度较快；在10cm深度土层水热组合一般，微生物活动较弱，在20cm深度，水稻根系泌氧作用、根部通气作用和微生物活性都较强（章永松等，2000；汪晓丽等，2005），有助于微生物的活动。

四、腐熟剂对绿肥还田腐熟程度的影响

不经过腐熟的绿肥直接还田，腐熟程度缓慢。秸秆腐熟剂富含高效微生物菌，可促进秸秆快速腐解（赵明文，2000；潘国庆，1999），但在不同还田方式下，效果不一。柳玲玲等（2014）在土埋还田方式下，研究8种腐熟剂对油菜秸秆腐熟程度，结果表明8种腐熟剂对油菜秸秆的腐熟均有不同程度的促进作用。王允青等（2008）研究表明，在露天和土埋还田方式下，添加腐熟剂处理麦秆、油菜秆，腐解速度比添加腐熟剂快，而在水泡环境中添加腐熟剂提高秸秆腐解速度的效果不明显；李逢雨等（2009）研究表明，在水泡环境下添加腐熟剂并未加速麦秆、油菜秆的腐解的速率，可能是由于所用腐熟剂属于好氧型微生物制剂，在淹水厌氧条件下微生物不能起到促腐作用。

腐熟剂不仅可以影响绿肥的腐熟，同时也可以改善土壤的营养结构。黄秋玉等（2015）研究发现，添加腐熟剂后，土壤有机质、碱解氮、速效钾和阳离子交换量（CEC）的含量，与不施腐熟剂的相比均有所提高；王代平

等（2013）将油菜和小麦秸秆添加腐熟剂后还田，发现土壤养分都有不同程度的增加，且土壤的孔隙度增加，容重降低；吴迎奔等（2013）将稻草添加有机物料腐熟剂后还田，发现施加腐熟剂的处理组较未施加处理组土壤全钾含量略有降低，但有机质、全氮、全磷含量均有增加，改善了土壤的理化性状。

第二节　绿肥改土培肥效应

一、改善土壤理化性状，提升土壤肥力

绿肥作为一种纯天然生物有机肥料，对改善土壤理化性状，提高土壤地力有着重要的作用。在稻田绿肥方面，刘春增等（2012）研究表明，翻压绿肥紫云英显著提高了团聚体稳定性，改善了土壤结构，且团聚体稳定性与土壤有机碳含量呈正相关；朱贵平等（2012）研究表明，紫云英在盛花期翻压对土壤有机质含量影响最显著，相比基础土壤提高6.6%；张珺穜等（2012）研究表明，紫云英与化肥配施能改善土壤养分状况，明显提高土壤速效磷、速效钾、全氮含量。在旱地绿肥方面，杜威等（2017）在渭北旱塬地区夏闲期种植并翻压豆科绿肥（绿豆、大豆和长武怀豆），结果表明，长期种植并翻压豆科绿肥能显著提高土壤有机碳、全氮和碱解氮等养分指标含量。张钦等（2018；2019a；2019b）研究表明，连续种植箭筈豌豆、苕子、肥田萝卜等绿肥能够提高不同粒径土壤机械稳定性、水稳性团聚体含量，有利于土壤水稳性大聚体（＞0.25mm）的形成，同时促进了土壤有机碳在大团聚体中的固持。在果园绿肥方面，潘学军等（2010）研究表明，柑橘园种植绿肥光叶苕子能明显提高土壤中有机质、全氮、速效钾和速效磷的含量。在茶园绿肥方面，詹杰等（2019）研究表明，茶园种植绿肥圆叶决明显著提高茶园土壤有机质、速效氮、速效磷含量。在热区绿肥方面，郇恒福等（2019）研究表明，施用豆科山蚂蟥属绿肥可有效增加土壤有机质含量，有着良好的培肥地力效果。此外，绿肥作为有机物料，在改良土壤重金属污染方面也有一定作用。崔芳芳（2014）、杜爽爽（2013）分别研究稻草、紫云英用量及配比对潮土、酸性土镉、砷有效性的影响，结果表明稻草、紫云英单独使用以及二者配合使用，均能显著降低交换态镉的含量，增加氧化物结合态、紧有机结合态和残渣态镉的含量，且单独添加紫云英的效果最明显，同时添加紫云英可降低土壤中砷的有效性。

二、增加土壤微生物数量，改善土壤酶活性

土壤微生物和土壤酶共同参与和推动土壤中各种有机质的转化及物质循环过程，使土壤表现出正常代谢机能，对土壤生产性能和土地经营产生很大影响（朱娜，2014）。翻埋绿肥以及种植绿肥作物，根系的胞外分泌物不仅直接增加了土壤中有关酶类的含量，还提供了多种易被根际微生物利用的营养和能源物质，从而增加了土壤微生物和酶类的活性（高玲，2007）。在稻田绿肥方面，万水霞等（2013；2015）研究紫云英—水稻轮作模式下不同量紫云英与化肥配施对稻谷增产效果及稻田土壤生物学特性的影响，结果表明，化肥配施紫云英处理下，土壤微生物量及土壤酶活性显著高于单施化肥，以紫云英$2.25\times10^4kg/hm^2$配施当地大田化肥用量70%的土壤微生物数量最多；颜志雷等（2014）研究发现，紫云英—水稻长期轮作情况下，化肥配施紫云英可以显著提高微生物生物碳量和微生物生物氮量；唐海明等（2014）研究表明，双季稻区冬闲田免耕直播紫云英，可提高稻田土壤产甲烷细菌、甲烷氧化细菌、硝化细菌和反硝化细菌的数量。在旱地绿肥方面，李文广等（2019）研究黄土高原麦后复种绿肥油菜，结果表明，绿肥还田可提高后茬麦田土壤养分含量及酶活性，并有效改善细菌群落多样性，增加土壤有益菌群落数量。张黎明等（2016）在植烟区翻压绿肥的研究表明，利用烟田冬季休闲时间种植绿肥后翻压还田，可改善烟田土壤环境，提高植烟土壤微生物量和酶活性。在果园绿肥方面，潘学军等（2011）研究表明，柑橘园种植绿肥光叶苕子能明显提高柑橘根际土壤脲酶和蛋白酶活性。在茶园绿肥方面，林新坚等（2013）在茶园间作绿肥圆叶决明，研究表明全量化肥＋豆科绿肥，半量化肥＋半量有机肥＋豆科绿肥等培肥方式可提高微生物的数量、生物量碳、氮含量及土壤酶活性。

三、生物覆盖，改善土壤生态环境

农田生态系统中，覆盖作物可减少土壤裸露、减低表土径流，减少硝态氮淋溶，增加碳蓄积等作用（刘晓冰等，2002；王丽宏等，2006）。在稻田绿肥方面，紫云英在早播密植情况下，对冬闲田的覆盖度在60%～100%；作为绿肥田可覆盖130～150d，作为留种田可覆盖160～175d（林多胡等，2000）。王丽宏等（2006）研究表明，南方水稻冬闲田覆盖紫云英可增加稻田生态系统

碳蓄积效应，其地上部、地下部碳蓄积分别为1 799.6kg/hm^{2}和1 023.8kg/hm^2；兰延等（2014）研究发现，紫云英—稻—稻轮作能提高土壤有机碳质量分数和土壤碳库管理指数，有利于改善土壤质量；高菊生等（2010）研究发现，长期稻—稻—紫云英轮作能够明显的降低田间杂草密度，减少早稻期间田间杂草的种类，但对晚稻时期田间杂草种类的影响不明显；陈洪俊等（2014）研究表明，紫云英—早稻—晚稻处理对杂草发生种类和密度有显著影响，并且有利于提高杂草均匀度，弱化稻田杂草优势种在田间的危害性。在果园绿肥方面，俞巧钢等（2012）在山地新生桃园种植绿肥紫云英、箭筈豌豆、黑麦草等的研究发现，山地新生果园种植绿肥可减少径流水量、泥沙流失、总氮和总磷流失，保水固土效果好；李太魁等（2018）在库区坡地柑橘园种植绿肥三叶草、苕子、黑麦草等，结果表明，坡地果园种植绿肥可使氮、磷流失量明显降低，有助于水体环境的保护，控制库区面源污染。在茶园绿肥方面，宋同清等（2006a；2006b；2007）在茶园间作绿肥三叶草，研究表明，茶园间作绿肥提高了关键土层（0 ~ 20cm）和关键时期（4—6月）的土壤水分，促进深层土壤水分向上层移动，提高了水分利用率，延缓和缩短了干旱时间，具有良好的提水保墒抗旱效果，同时改良了土壤环境，抑制了杂草生长，减少了病虫害发生率，促进了蚯蚓的生长。

四、减少化肥施用量，促进主作物生长

绿肥在后茬作物种植前翻压，使其腐解，释放养分供主作物生长利用，从而减少化肥施用量，达到农业生产节本增效的目的（刘佳等，2013）。在稻田绿肥方面，紫云英根瘤菌能与紫云英共生，形成有效根瘤，进行共生固氮，其中根瘤固氮量约占紫云英植株总氮量的42.40 %（赖涛等，2002），紫云英还田可减少无机氮肥的施用量，后茬作物水稻化肥施用量可减少20% ~ 40%（何春梅，2014）。Xie et al.（2016）研究表明，江西双季稻区，紫云英替代20%或40%的化肥的情况下，土壤肥力和早晚稻产量高于单施氮肥的处理；李双来等（2012）研究表明，湖北双季稻区，紫云英替代20%的化肥，翻压量在2.25×10^4kg/hm^{2}比较合适；赵冬等（2015）在太湖地区尝试紫云英还田条件下免施基肥，同时补充133kg/hm^{2}无机氮作追肥，既可以大大减少无机肥的投入、保证水稻产量，又可以减少稻田氮素的排放量，实现水稻产量效应和环境效应的协调。在旱地绿肥方面，张达斌等（2012）在渭北旱塬地区夏闲期插播并翻压不同豆科绿肥（长武怀豆、大豆和绿豆），研究表明，与休闲相比，连

续2年夏闲期种植并翻压豆科绿肥，不但能显著提高冬小麦分蘖数、总茎数、产量、植株氮磷钾养分质量分数和吸收量，而且还能提高小麦单位面积穗数。田峰等（2015）在烟区翻压绿肥箭筈豌豆的研究表明，翻压绿肥能改善烤烟农艺性状，提高烤烟根系覆盖范围和增加主、侧根重量，并提高烟草品质。在果园绿肥方面，温明霞等（2011）连续3年在柑橘园间作夏季绿肥（饭豆、豇豆、大豆、绿豆）的研究表明，绿肥压青有助于提高果实的可溶性固形物、总糖、还原糖、维生素C含量，提高柑橘品质。茶园间作绿肥，有利于茶树对光的利用转化，促进茶叶中茶多酚、氨基酸、咖啡碱和水浸出物等有效物质的形成，提高茶叶品质。彭晚霞等（2005）研究覆盖与间作对亚热带丘陵茶园的生态效应，结果表明，相比清耕茶园，白三叶间作和铺草覆盖加强了茶园生态系统的自我调控能力，产量分别增加了33.99%和26.19%，在提高茶叶产量的同时，明显改善了茶叶品质。

第三节　绿肥综合利用价值

清洁生产，绿肥优先。在农业绿色发展的背景下，广西将绿肥与有机稻米、生态旅游、优质蜂蜜、时令蔬菜等产业相融合，探索发展“绿肥+”产业，在绿肥的多元化利用途径上走出绿肥特色，突显广西优势。

一、“绿肥+”有机稻米

有机稻米生产基于有效的生态系统和良性循环，生产过程中完全不使用人工合成的肥料、农药、生长调节剂和添加剂，主要以土壤为基础，以系统内物质循环来补充地力。有机农产品具有营养性好、品质高、经济价值高等优势。发展有机水稻生产是现代农业发展的大趋势，越来越受到人们的重视。

冬种绿肥，是生产有机稻米的重要措施。在有机水稻生产过程中杜绝施用化肥，而紫云英还田供肥具有长效性，在水稻开花、灌浆等关键时期为水稻提供充足养分。位于桂林市灵川县的桂林兆丰农业投资发展有限公司，采用绿肥种植后，代替了部分商品有机肥，土壤肥力逐步提升，原来有机稻米产量约3 375kg/hm^2，现在产量可达4 500kg/hm^2；生产的“山水谷”有机稻米比普通大米价格提升了3 ～ 4倍，达到了节肥增效的目的（图2-1）。

图2-1 “绿肥+”有机稻米

二、“绿肥+”富硒稻米

广西富硒土壤面积大、分布广泛且土壤里硒含量的平均值较高。据2016年广西地质矿产勘查开发局开展的1 ∶ 250 000多目标区域地球化学调查结果显示，广西拥有全国最大连片富硒土地30hm^2，全国最大绿色富硒耕地6.7hm^2，为特大面积地连片富硒区域，居全国之首。自治区党委、人民政府领导高度重视富硒农业开发工作，把富硒农业列入“10 + 3”提升行动计划中，明确将开发富硒农业作为增加农民收入、提升农业效益的关键措施来抓。

水稻属于硒非积累作物，自然生长条件下植株含硒量较低，而通过增施硒肥或叶面喷硒的方式对水稻添加外源硒，容易增加经济成本，并对环境产生污染，不利于富硒水稻的安全生产。与传统补硒方法相比，通过翻压集硒绿肥作物紫云英，活化土壤有效硒，生产天然富硒稻米，有助于促进广西富硒产业的健康发展。位于南宁市隆安县的广西隆安昌隆农业科技开发有限公司，通过种植绿肥，土壤肥力逐步提升，后期化肥减少20%～40%的施用量，生产的香米达到国家富硒稻谷标准，富硒香米的价格是普通大米的2～3倍（图2-2）。

图2-2 “绿肥+”富硒稻米

三、“绿肥+”清洁果品

果园行间种植绿肥，有利于改善果园生态环境，提高果品质量，实现果品的清洁生产。广西南宁市义平水果种植专业合作社的生产基地为坡地果园，坡度10°～30°，面积35hm²，自2016年建园以来，通过在柑橘行间种植苕子以保持水土、抑制杂草、减施化肥，年节约肥料及人工除草费约17 100元/hm²（图2-3）。

图2-3 "绿肥+"清洁果品

四、"绿肥+"优质蜂蜜

绿肥花开，引来养蜂人。绿肥不打任何农药，为蜜蜂采蜜提供了保障；绿肥花期不同，延长了采蜜时间。与其他蜜源植物相比，绿肥作物作为最清洁的有机肥源，没有农药、重金属、抗生素、激素等残留威胁，完全能满足优质蜂蜜安全生产的需求。紫云英蜜、苕子蜜具有大自然清新宜人的草香味，甜而不腻，鲜洁清甜，为上等蜜（表2-1）。位于灵川县潭下镇的甘美蜂蜜养殖合作社，以紫云英带动养蜂扶贫的方式，助力乡村振兴（图2-4）。

表2-1 绿肥蜂蜜品质分析

品种	色泽	状态	果糖+葡萄糖(g/100g)	蔗糖(g/100g)	淀粉酶活性(mL/(g·h))	水分(%)	羟甲基糠醛(mg/kg)	酸度(mL/kg)
紫云英蜜	琥珀色	液态	70.4	未检出	20.0	21.8	2.2	27.0
苕子蜜	琥珀色	液态	70.0	未检出	17.6	17.1	2.7	10.7

图2-4　绿肥养蜂

五、“绿肥+”时令蔬菜

紫云英、苕子等含有丰富的蛋白质、维生素等营养物质，紫云英嫩梢、苕子芽尖，鲜嫩多汁，作为蔬食用，口感佳（表2-2）。油菜菜薹可作蔬菜用，在油菜蕾薹期摘取主茎或分枝菜薹作为应时蔬菜或脱水加工蔬菜供食用。油菜菜薹鲜嫩爽口，可收获1～2次菜薹，产量3 000～4 500kg/hm^2。紫云英、苕子、油菜等一般在春节后上市，正好填补这个时节市场青蔬空缺（图2-5）。

表2-2　绿肥菜用营养特性表

品种	蛋白质（%）	脂肪（%）	总糖（%）	灰分（%）	维生素C（mg/100g）	膳食纤维（%）	氢氰酸（mg/kg）
紫云英	3.11	0.3	1.4	0.87	102	1.68	未检出
苕子	4.54	0.3	0.2	1.0	122	5.94	未检出

图2-5 “绿肥+”蔬菜

六、“绿肥+”生态旅游

中国共产党第十八次全国代表大会报告中把“生态文明建设”放在突出的位置，将其与经济建设、政治建设、文化建设、社会建设融为五位一体，成为“建设美丽中国，实现中华民族永续发展”的发展新理念和实践新创新。观光农业是现代农业和旅游业相结合的一种新型产业，它主要是利用农业资源环境、农田景观、农业生产、农业产品、农业文化、农家生活等，为人们提供观光休闲、体验农业、了解农村的一种农业经营活动。绿肥的生产与利用作为农业景观生态的重要内容之一，在绿水青山、环境优美的美丽乡村建设中发挥着重要作用。

位于桂林市灵川县公平乡青狮潭库区的千亩野生紫云英，“疑是紫霞撒人间”。该区域原有数千亩梯田曾种过紫云英，水库建成，贮存水后便被丢荒，但适应环境能力强的紫云英顽强地繁衍下来。每年3月，紫云英花开如摇曳的彩蝶，紫色花海与库区的蓝天碧水相接成迷人的画卷，库区修建了花海步道，大量慕名而来的游客带动了乡村旅游的发展。阳朔、灵川、南丹等地将绿肥生产与休闲农业、乡村旅游结合起来，实现“绿肥+”生态旅游的融合发展。如阳朔县在遇龙河畔以“油菜+超级稻+再生稻”“绿肥茗子+晚熟柑橘”等技术，探索“绿肥+旅游”模式，打造精品示范带，将绿肥与田园综合体和桂林山水文化相结合，带动旅游产业的发展。南丹县打造了万亩梯田“油菜花海”乡村旅游观光景点，并通过举办“万亩梯田油菜花”大型赏花节等活动，实现农旅结合，推动乡村旅游产业发展壮大。灵川县采用“春早稻—秋红薯—冬油菜”生态轮作模式，实现了土地用养结合，粮钱双收的目的（图2-6）。

图2-6 "绿肥+" 生态旅游

“绿肥＋”创新机制是绿水青山变成金山银山的具体实践。绿肥生产与利用过程中，应充分发挥绿肥的生态服务功能，在丰富传统“绿肥+”清洁农业和创意农业模式的基础上，融合当地特色优势产业，拓展新兴“绿肥+”品牌农业模式，将传统绿肥产业逐步打造成具有时代新意的新时代“绿肥+”产业，并在种植业减肥增效、藏粮于地、脱贫攻坚、传统产业转型升级等战略中发挥重要作用，践行“两山”理论。

3 第三章 绿肥研究知识图谱

第一节 中国绿肥研究知识图谱

文献计量分析可在某一学术领域内系统地评估科研结果的相对重要程度，预示该领域近一段时期的发展方向，表征该项研究的分布情况（吴健等，2016）；科学知识图谱作为科学计量学、信息计量学等领域的研究方法，不仅可以揭示知识来源、发展规律，还可以图形表达的方式揭示相关领域知识结构关系与演进规律（陈悦等，2005）。借助文献计量分析法对中国知网（CNKI）数据库中绿肥相关期刊文献进行可视化分析，归纳绿肥研究的核心与热点前沿，描绘绿肥研究总体样貌，为研究者凝练研究目标和突破口提供科学依据。

一、研究方法及数据采集

1. 数据来源

研究的数据来源于CNKI数据库，检索的主题词为“绿肥”，检索时间区域为1992—2018年。期刊来源类别包括：EI来源期刊、核心期刊。筛选剔除非该研究领域的文献后共得到826篇论文，并将记录内容保存为Refworks格式。

2. 分析方法

研究使用CiteSpace软件进行分析，该软件是美国德雷塞尔大学陈超美博士研发的科研文献数据应用软件，主要用于科学文献数据计量、分析和识别，并以可视化的方式探测学科研究特征及演变趋势（Chen C，2006；Chen C et al.，2010）。CiteSpace获得的共现图中，每个节点表示一个关键词，其节点大小表示该关键词出现的频次。节点之间连线的粗细表示关键词共现强度的高低，节点的圆圈层代表年轮，年轮宽度可以指代中心性的大小，中心性越大则对其他节点的影响越强（吴同亮等，2017；李强，2017）。

二、结果与分析

1. 研究时段及其特点

研究成果随时间变化趋势可以从侧面反映出研究领域在一段时间内的发展状况（赵丙军等，2012）。1992—2018年的27年间，以绿肥为主题的核心期刊论文总数为826篇，其变化趋势可分为衰退期（1992—2008年）和恢复增长期（2009—2018年）两个阶段（图3-1）。20世纪90年代到21世纪初，化肥成为主导肥源，绿肥应用迅速滑至谷底（曹卫东等，2017）。相当长时间内，国家政策性投入和引导不足，绿肥种植利用处于自生自灭状态，绿肥研究停滞，人才队伍迅速流失（曹卫东等，2009），从而导致绿肥科研的衰退，尤其是21世纪初绿肥相关论文平均发文量在13篇（2000—2005年）。2007年后，绿肥重新进入国家和全社会视野，其生产科研逐渐恢复。农业部于2008年设立绿肥行业专项用于绿肥科研，2017年将绿肥纳入现代农业产业技术体系之内，行业专项和体系的设立为稳定绿肥研发队伍，搭建科研平台奠定了基础。从2009年始，绿肥的研究论文数量逐步提升，2011年和2018年绿肥相关发文量出现了两次高峰。

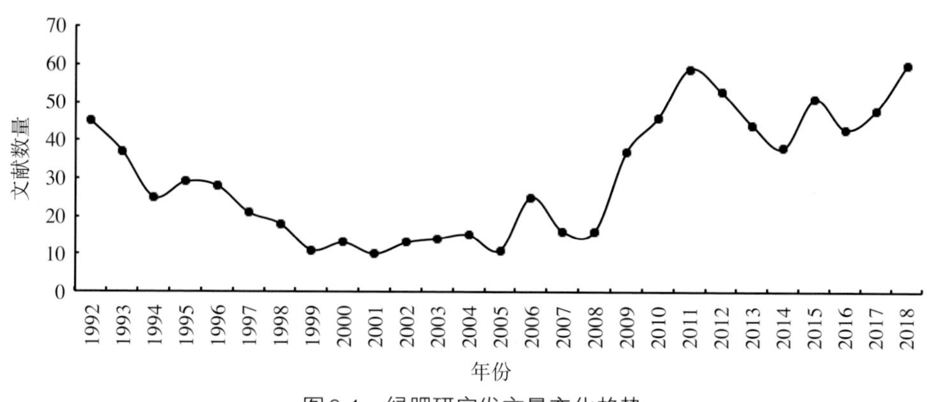

图3-1　绿肥研究发文量变化趋势

2. 主要研究力量分析

（1）主要研究机构

机构共现分析可反映某一领域的核心研究机构及其合作强度。运行Citespace软件后，得到有关“绿肥”研究机构的知识图谱（图3-2），剔除存在隶属关系的研究中心和重点实验室，列出论文发表量排名前20的研究机构(表3-1)。从频次来看，中国农业科学院农业资源与农业区划研究所论文发表量最多，频次为60，其次是西北农林科技大学资源环境学院，频次为20；华中农业大学资源与环境学院频次为17。

中心度的大小代表着它与其他机构之间的合作密切程度以及对其他机构影响力的强弱。从中心度来看，中国农业科学院农业资源与农业区划研究所中心度最高，为0.12，与其他机构合作紧密，且影响力较强。其他中心度为0的研究机构，说明与其他机构合作较少。

表3-1　研究机构论文发表情况

机构	频次	中心度
中国农业科学院农业资源与农业区划研究所	60	0.12
西北农林科技大学资源环境学院	20	0.02
华中农业大学资源与环境学院	17	0.06
甘肃省农业科学院土壤肥料与节水农业研究所	11	0.03
江西农业大学生态科学研究中心	10	0
陕西省长武县农业技术推广中心	10	0
湖北省农业科学院植保土肥研究所	9	0.02
中国科学院南京土壤研究所	8	0
湖南省烟草公司湘西自治州公司	8	0
浙江中烟工业有限责任公司	6	0
海南大学农学院	6	0
湖南农业大学	6	0
云南省农业科学院农业环境资源研究所	6	0.02
安徽省农业科学院土壤肥料研究所	6	0.02
云南省热带作物科学研究所	6	0
湖南省土壤肥料研究所	5	0.03
中国科学院亚热带农业生态研究所 (原名：中国科学院长沙农业现代化研究所)	5	0
福建省农业科学院农业生态研究所	5	0
青海大学	5	0
湖北省烟草公司恩施州公司	5	0

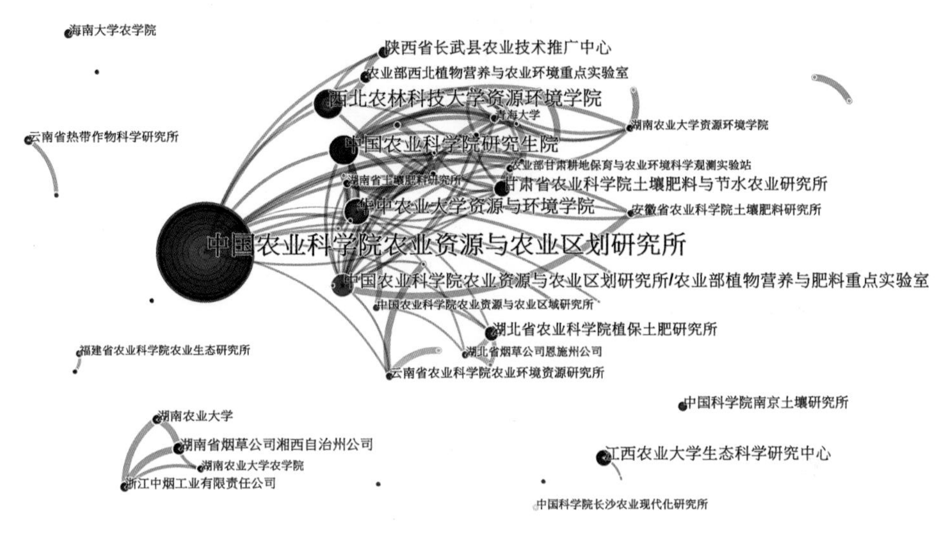

图3-2　研究机构共现知识图谱

（2）主要研究作者

作者共现分析可以反映出研究领域的核心作者以及他们之间的合作与互引关系（王鑫雨，2017）。经分析，发现共有242名学者开展了绿肥方面的研究。依据普赖斯定律来确定核心作者，按照$M=0.749\ (N_{max})^{1/2}$（其中N_{max}为统计时间段内最高产作者的发文数量，M为核心作者的最低发文数量）。经统计，中国农业科学院农业资源与农业区划研究所曹卫东研究员（国家绿肥产业技术体系首席科学家）是研究绿肥且发表论文最多的学者（93篇）。因此，发表8篇以上（M=7.2）的学者可以认为是绿肥研究的核心作者。对绿肥核心研究作者及团队聚类分析，得出可视化共现图谱（图3-3）。根据主要研究学者知识图谱，结合主要研究机构图谱分析可知，曹卫东在研究绿肥领域作出了卓越的贡献，形成了以其为核心的绿肥研究网络，西北农林科技大学资源环境学院高亚军团队、华中农业大学资源与环境学院耿明建团队、甘肃省农业科学院土壤肥料与节水农业研究所包兴国团队、湖南省土壤肥料研究所聂军团队、贵州省农业资源与环境研究所朱青团队等与其有着紧密的合作。分散的其他核心团队还有中国热带农业科学院/海南大学农学院从事热带绿肥种质资源的刘国道团队，江西农业大学生态科学研究中心从事绿肥生态研究的黄国勤团队，湖南农业大学从事烟田绿肥研究的邓小华团队等。

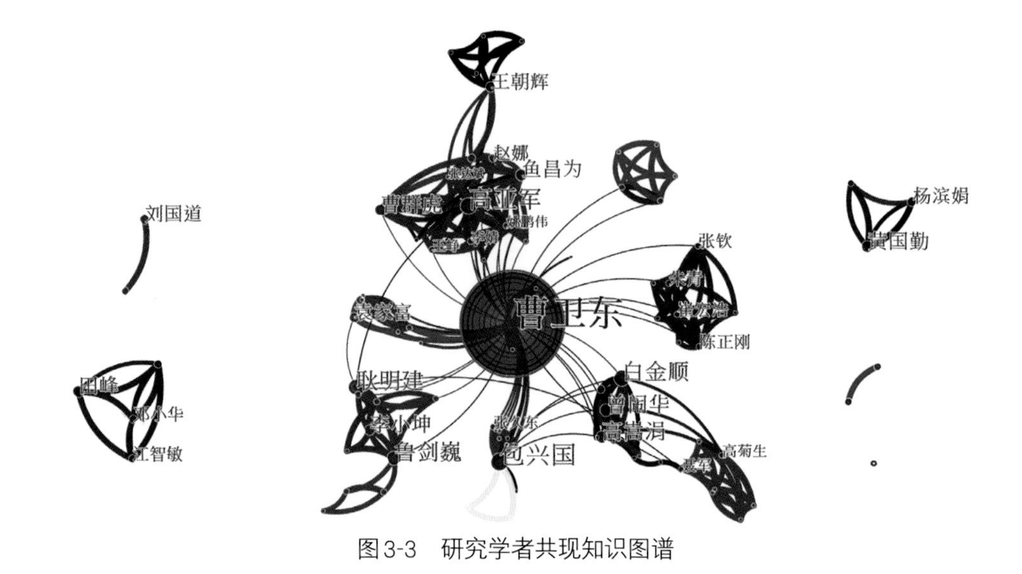

图3-3　研究学者共现知识图谱

3. 研究主题

对文献关键词知识图谱进行研究，可掌握一段时间内相关文献集中体现的热点词汇，明确领域的研究热点（张颖，2016）。通过运行Citespace软件，生成绿肥研究关键词知识图谱（图3-4）。根据多诺霍公式T=[－1＋（1＋8I）$^{1/2}$]/2（T为高频词出现的最低次数，I为关键词的个数）得出，绿肥研究的关键词共有150个，计算得到绿肥研究领域中T值为16.85，因此，出现17次以上的关键词是该领域的高频关键词。研究表明，绿肥（241次）、产量（58次）、土壤肥力（41次）、紫云英（31次）、烤烟（29次）、豆科绿肥（26次）、水稻（19次）、土壤养分（16次）等高频关键词等代表了绿肥研究的热点，其研究主题可归纳为绿肥—土壤—作物。

根据绿肥—土壤—作物主题，结合我国绿肥研究现状，主要可分为绿肥—土壤—水稻、绿肥—土壤—烤烟、绿肥—土壤—小麦/玉米以及绿肥—土壤—果茶树等研究领域。

（1）绿肥—土壤—水稻

赵其国等（2013）指出：充分利用冬闲田，实行绿肥过腹还田是保证南方红壤生态系统持续稳定健康发展的手段之一。据不完全统计，我国南方冬闲稻田面积至少2 000万hm^2（曹卫东，2009），利用冬闲稻田发展绿肥是实现土地用养结合的重要措施。紫云英是南方稻区的主要绿肥品种，20世纪60—70年代，占稻区种植面积的60%～70%（吴建富，1997）。在紫云英固氮特性、还

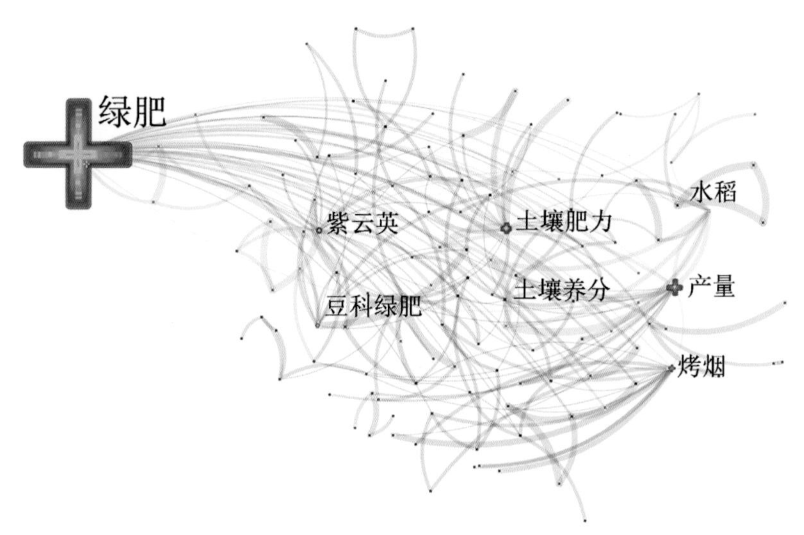

图3-4 关键词知识图谱

田腐解特征；改土培肥、影响土壤微生物及酶活性；减施化肥、提高水稻产量、改善水稻品质等方面，科研工作者做了大量的工作，形成了绿肥—土壤—水稻的研究链。

（2）绿肥—土壤—烤烟

在植烟区，长期施用化肥，造成土壤质量衰退，影响烟草品质，制约产业发展。因此，在冬季空闲茬口种植绿肥，有利于培肥地力，为后茬作物烤烟提供养分，进而提升烟草品质。刘国顺等（2006；2010）、李正等（2011a；2011b）研究了不同绿肥翻压量对土壤理化性质、微生物量、酶活性的影响；罗玲等（2010）研究了绿肥不同翻压年限对土壤养分的影响；邓小华等（2015）研究了不同种类绿肥翻压对土壤理化性状的影响；江智敏等（2015）、敬海霞等（2013）、王岩等（2006）研究了不同绿肥品种及不同翻压量对烤烟质量和产量的影响，有利于绿肥—土壤—烤烟研究体系的构建。

（3）绿肥—土壤—小麦

在旱地，绿肥与小麦复种，是土壤培肥的有效措施。在西北地区，杜威等（2017）研究表明，夏闲期长期种植并翻压绿肥提高了土壤碳氮比，有利于土壤有机质的积累；赵娜等（2010）研究表明，夏闲期种植并翻压豆科绿肥提高了小麦氮肥利用率；张久东等（2011；2015）研究表明，翻压绿肥显著提升土壤养分含量，促进土壤微生物的活动，起到减施化肥的目的，小麦复种绿肥作物种植模式具有较高的经济效益。

(4) 绿肥—土壤—玉米

绿肥与玉米可复种，亦可间种。杨璐等（2013）在华北地区开展绿肥（二月兰）—春玉米轮作研究，结果表明，化肥绿肥配施能显著提高春玉米产量，增加地上部总养分量和不同器官养分的累积量，改善养分在不同器官中的分配比例。陈正刚等（2014；2015）在西南岩溶地区开展绿肥（苕子）—玉米轮作研究，结果表明，连续3 年翻压绿肥并适当减少化肥用量可提高土壤有机质、全氮、速效氮含量，降低土壤容重；翻压绿肥15t/hm^{2}的条件下，化肥用量最多可减少45%。杜青峰等（2016）在西南地区开展绿肥—玉米间作研究，结果表明，间作柽麻后，玉米地上部产量显著提高35%，柽麻是适宜作为玉米夏季间作的豆科绿肥。张久东等（2013），卢秉林等（2014；2015）在西北绿洲灌区开展绿肥—玉米间作研究，结果表明，玉米间作针叶豌豆压青处理能促进微生物活动，且能减少10%的化学氮肥用量，并提出以收获玉米籽粒为主的3行玉米间作2行针叶豌豆模式和以经济效益为主的3行玉米间作3行针叶豌豆的种植模式。

(5) 绿肥—土壤—果茶树

果茶树行间空间种植绿肥，可截获更多光能，用于光合作用，增加碳同化，促进果茶树的物质积累，提高果茶品质（杨梅，2017）。果茶园行间绿肥有利于改善土壤物理特性，提高土壤有机质含量；在山地或坡耕地果茶园，绿肥有利于加强土壤蓄水保水能力，提高土壤抗蚀、抗冲能力，防治水土流失；果茶园—绿肥立体种养，充分利用土地资源，提升经济效益。

三、结论

通过对1992—2018年国内绿肥研究领域的成果进行梳理和分析，利用可视化软件Citespace绘制知识图谱，判识中国绿肥研究的热点、主要研究机构，结果表明：中国绿肥科研经历了衰退期（1992—2008年）和恢复增长期（2009—2018年）两个阶段；中国绿肥的研究机构有着较为广泛、紧密的学术合作，形成了以中国农业科学院农业资源与农业区划研究所曹卫东研究员为核心的研究网络；绿肥、产量、土壤肥力、紫云英、烤烟、豆科绿肥、水稻、土壤养分等高频关键词等代表了绿肥研究的热点，绿肥—土壤—作物代表着绿肥研究的方向，国内在绿肥—土壤—水稻/烤烟/小麦/玉米/果茶树方面做了大量研究，取得了诸多重要成果。

绿肥是践行“绿水青山就是金山银山”理念的有效载体。当前，绿色发展理念为绿肥产业的发展带来了新的发展机遇，也推动了绿肥生产利用与科研的发展。科研工作者已将绿肥—土壤—作物作为科研的重点，契合绿肥改土培肥、服务主粮作物、经济作物、果茶树的发展理念，从而有利于绿肥的利用与推广，以“藏粮于地、藏粮于技”的方式，推进耕地用养结合、削减农业面源污染、改善农田生态环境，保障农产品安全，促进农业可持续发展。

第二节 紫云英研究追踪

我国是世界上紫云英的起源地，最早的记载见于公元前2世纪成书的《尔雅·释草》篇，明代《农政全书》《沈氏农书》中，始有将紫云英栽培作稻田绿肥的记载，清代《抚郡农产考略》《农学合编》中总结了紫云英播种与还田技术（林多胡等，2000）。20世纪60—70年代，是我国紫云英发展的高峰期，其种植分布极为广泛，占稻区种植面积的60%～70%（吴建富等，1997）。80年代，随着化肥在稻区的广泛应用、农田复种指数的提高，紫云英种植面积连续下降，2000年左右，部分区域和省份的紫云英种植面临绝迹（周健等，2012）。近年来，国家积极推进“质量兴农、绿色兴农”战略，而种植、利用传统绿肥作物紫云英，可有效促进耕地保持持续、健康的生产能力，契合国家“农村增绿”的战略构想。在当前农业绿色发展和耕地肥力退化的双重影响下，紫云英的生产和利用也逐渐得以恢复，对紫云英的科研也不断增强。本研究借助文献计量分析法对Web of Science（WOS）和CNKI数据库中紫云英相关期刊文献进行可视化分析，归纳紫云英研究的现状，描绘紫云英研究总体样貌，形成相应的知识图谱，为紫云英的研究提供切实和有价值的参考。

一、研究方法与数据采集

1. 数据采集

数据选自WOS核心合集（SCI、SSCI来源）和CNKI数据库中的核心期刊，检索时段为1992—2018年。WOS中检索条件为“*Astragalus sinicus**”或者“Chinese milk vetch*”；CNKI中则以“紫云英”进行检索。筛选剔除非该研究领域的文献后共得到197篇WOS和612篇CNKI来源的文献样本。

2. 分析方法

使用CiteSpace及VOSviewer，VOSviewer是荷兰莱顿大学Van Eck与Waltman研究开发，在科研网络分析方面具有较好的可视化效果（李爽等，2018）。通过

CiteSpace软件对紫云英研究的主要国家、机构、作者进行可视化分析，并进行关键词突现分析，通过VOSviewer生成紫云英研究关键词共现密度图。

二、结果与分析

1. 紫云英研究论文发表趋势

自1992年开始的27年间，以紫云英为主题的国际外文期刊论文总数为197篇，平均年发文量为7篇；国内核心期刊论文总数为612篇，平均年发文量为22篇，中文发文量高于外文发文量。在变化趋势方面，国际上外文期刊1996年发文量最少，为1篇，在2007年、2011年、2014年、2017年达到最高，均为12篇，论文发文量从20世纪90年代至21世纪整体呈现上升的趋势。国内核心期刊论文变化趋势可分为平稳发展期（1992—1995年）、衰退期（1996—2007年）和恢复增长期（2008—2018年）3个阶段（图3-5）。

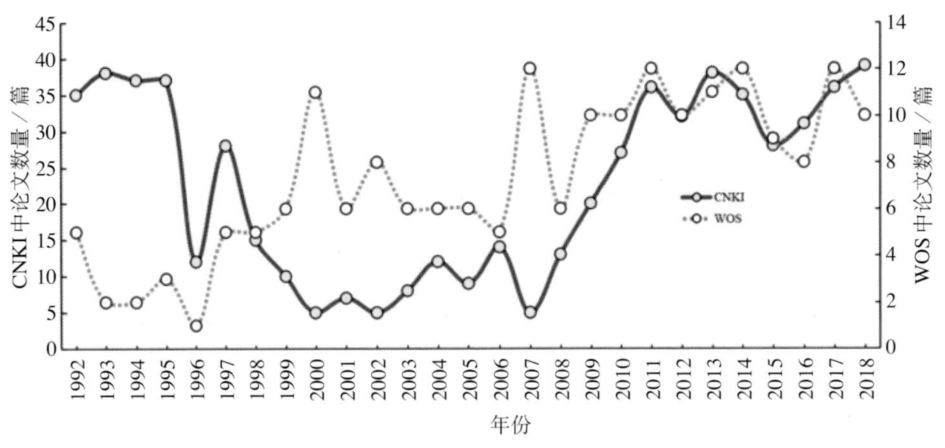

图3-5 紫云英研究论文在WOS和CNKI数据库中年度分布

紫云英在国内作为主要的绿肥作物，其科研进展与绿肥的研究息息相关。50—80年代是绿肥生产面积较大，利用较为普遍的时期；农业部于1963年组建了全国绿肥试验网，各地加快探索绿肥模式与经验；1977 年全国绿肥试验网得到二次恢复组建，并于1981年获得专项经费支持，全国绿肥科研队伍和任务设置得到了基本稳定和保障，在一定程度上影响了90年代初期紫云英相关论文的发表。在1992—1995年间，紫云英相关论文发表量为147篇，占发文总量的24.0%，年均发表量为36篇，论文发表量相对平稳。20世纪90年代到

21世纪初，化肥成为主导肥源，绿肥应用迅速滑至谷底（曹卫东等，2017）。相当长时间内，国家政策性投入和引导不足，绿肥种植利用处于自生自灭状态，绿肥研究停滞，人才队伍迅速流失（曹卫东等，2009），从而导致有关紫云英的科研衰退。1996—2007年，紫云英相关论文发表量为130篇，占发文总量的21.2%，年均发表量10篇。2007年后，绿肥重新进入国家和全社会视野，其生产科研逐渐恢复。农业部于2008年设立绿肥行业专项用于绿肥科研，2017年绿肥被纳入现代农业产业技术体系之内。行业专项和体系的设立为稳定绿肥研发队伍，搭建科研平台奠定了基础。从2008年始，绿肥作物紫云英的研究论文逐步提升，2008—2018年，论文发表量为335篇，占论文发表总量的54.7%，年均发表量30篇。

2. 紫云英主要研究力量分析

（1）主要研究国家

论文被科学引文索引（SCI）收录的数量，一定程度上反映了一个国家在某一研究领域的科研实力和影响力（陈林等，2017）。利用WOS自带分析检索功能，对197条检索结果进行不同国家论文发表数量分析（图3-6a）。结果表明：中国、日本、美国、韩国、澳大利亚、波兰是主要的论文发表国家，中国论文发表量为98篇，占总量的49.7%；日本论文发表量为62篇，占总量的32.0%；美国论文发表量为16篇，占总量的8.1%，韩国论文发表量为14篇，占总量的7.1%；澳大利亚论文发表量为7篇，占总量的3.6%；波兰论文发表量为7篇，占总量的3.6%；其他国家论文发表量为32篇，占总量的16.2%。中国作为紫云英的原产地，是论文发表数量最多的国家，充分发挥了紫云英研究的产地优势。利用CiteSpace可视化分析对论文发表国家的合作情况进行分析（图3-6b），结果表明：中国与日本、美国、澳大利亚有着密切的合作研究，

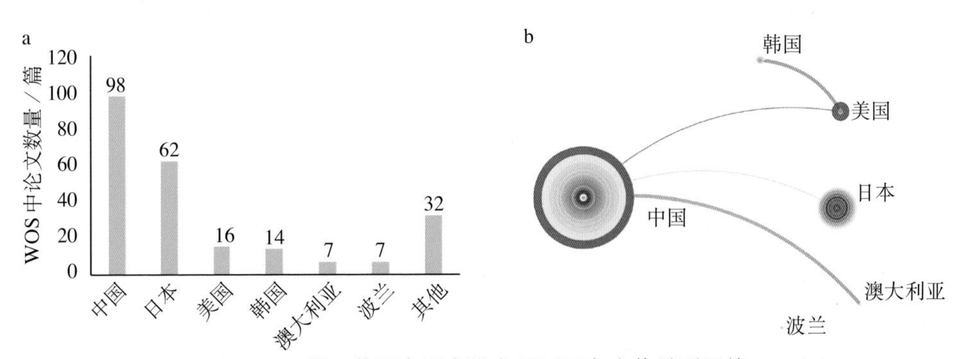

图3-6 紫云英研究国家发文量及国家合作关系网络

a. 国家发文量柱状图 b. 国家合作关系网络图

且在国际上也有着较高的影响力。

(2) 主要研究机构

机构共现分析可反映某一领域的核心研究机构及其合作强度。绘制紫云英研究机构的知识图谱（图3-7），并列出发文量排名前10的研究机构（表3-2）。从频次来看，WOS数据库中，中国的科研机构紫云英外文发文量占主导地位，华中农业大学论文发表量最多，频次为29，其次是中国科学院，频次为18，紧随其后的为日本大阪大学、中国农业科学院、中国农业大学、浙江大学、美

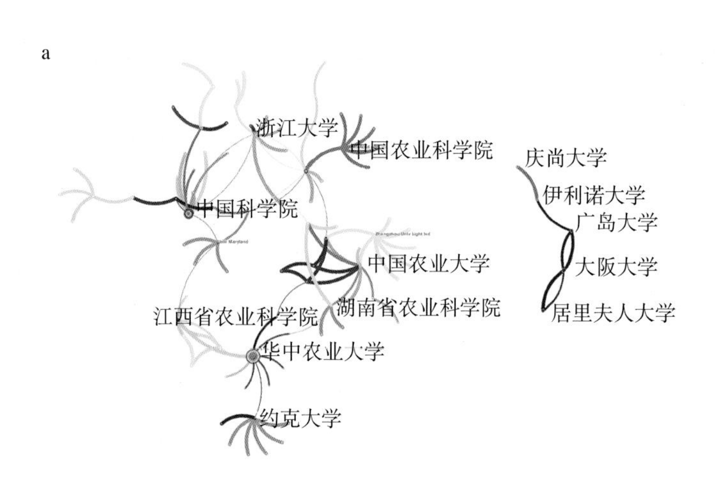

图3-7　研究机构共现知识图谱

a. 国际上紫云英研究机构　b. 国内紫云英研究机构

国伊利诺大学、波兰卢布林玛丽居里夫人大学、日本九州大学、日本广岛大学；CNKI数据库中，国内的中国农业科学院农业资源与农业区划研究所论文发表量最多，频次为35，其次是中国科学院（上海植物生理研究所），频次为21，紧随其后的是湖南省土壤肥料研究所、江西农业大学生态科学研究中心、中国科学院（南京土壤研究所）、华中农业大学（资源与环境学院）、华中农业大学（农业微生物学国家重点实验室）、福建省农业科学院土壤肥料研究所、安徽省农业科学院土壤肥料研究所、河南省农业科学院植物营养与资源环境研究所。综合分析，华中农业大学、中国科学院、中国农业科学院、湖南省土壤肥料研究所在外文和中文论文发表量上占主要地位，是研究紫云英的主要机构。

中心度的大小代表着它与其他机构之间的合作密切程度以及对其他机构影响力的强弱。从中心度来看，WOS数据库中，中国的华中农业大学、中国科学院、中国农业科学院、中国农业大学、浙江大学中心度分别为0.13、0.2、0.18、0.07、0.08，说明中国的研究机构在国际上与其他机构合作紧密，且影响力较强；日本大阪大学、美国伊利诺大学、波兰卢布林玛丽居里夫人大学、日本九州大学、日本广岛大学中心度基本为0，说明各机构合作较少，缺乏交流。在CNKI数据库中，我国的中国农业科学院农业资源与农业区划研究所中心度最高，为0.26，具有较高的影响力，与国内其他机构合作紧密。

表3-2　WOS数据库和CNKI数据库排名前十位的紫云英研究机构

WOS数据库			CNKI数据库		
机构	频次	中心度	机构	频次	中心度
华中农业大学	29	0.13	中国农业科学院农业资源与农业区划研究所	35	0.26
中国科学院	18	0.2	中国科学院上海植物生理研究所	21	0
大阪大学	13	0.01	湖南省土壤肥料研究所	20	0.11
中国农业科学院	12	0.18	江西农业大学生态科学研究中心	20	0.08
中国农业大学	9	0.07	中国科学院南京土壤研究所	20	0.14
浙江大学	9	0.08	华中农业大学资源与环境学院	18	0.05
伊利诺大学	8	0.01	华中农业大学农业微生物学国家重点实验室	18	0
居里夫人大学	7	0	福建省农业科学院土壤肥料研究所	14	0
九州大学	7	0	安徽省农业科学院土壤肥料研究所	12	0.04
广岛大学	6	0	河南省农业科学院植物营养与资源环境研究所	9	0.17

（3）主要研究作者

图3-8a结合表3-3，在WOS数据库中，中国的学者占主导地位，排名前十

位的学者中中国学者有6名，但日本大阪大学的Murooka论文发表量最多，从而形成了日本大阪大学的Murooka团队，华中农业大学的Li Youguo（李友国）、Zhou Junchu（周俊初）、Chen Dasong（陈大松）、Zhang Xuexian（张学贤）团队，伊利诺伊大学H. J. Cho和J. M. Widholm团队，浙江大学的Xu Jianming（徐建明）团队，日本广岛大学的Yamada团队，中国科学院的Wang Xingxiang（王兴详）团队。在CNKI数据库中，国内中国农业科学院农业资源与农业区划研究所曹卫东是研究紫云英且发表论文最多的学者，根据主要研究学者知识图谱分析可知（图3-8b），曹卫东对紫云英领域的研究作出了卓越的贡献，形成了以其为核心的紫云英研究群，并聚集了湖北省的鲁剑巍、耿明建，湖南省的聂军、高菊生，河南省的刘春增、吕玉虎，安徽省的王允青、郭熙盛，浙江省的

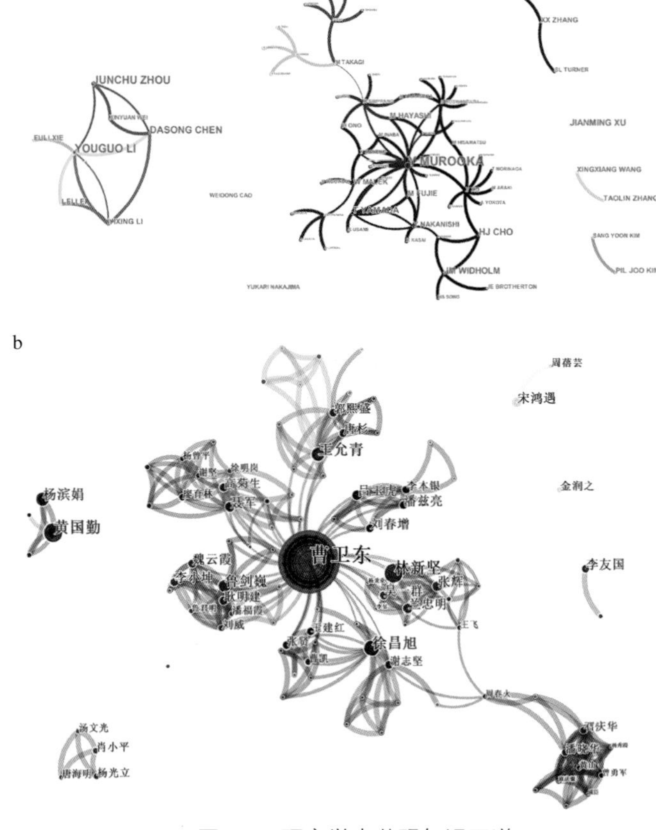

图3-8　研究学者共现知识图谱

a. 国际紫云英研究主要作者　b. 国内紫云英研究主要作者

王建红、张贤，江西省的徐昌旭、谢志坚，福建省的林新坚、兰忠明等相对稳定的研究网络。分散的其他主要团队还有江西省黄国勤团队、潘晓华团队、湖南省杨光立团队；上海市宋鸿遇团队、金润之团队，及湖北省李友国团队。

表3-3　WOS和CNKI数据库中紫云英研究核心作者

WOS数据库				CNKI数据库			
作者	机构	频次	中心度	作者	机构	频次	中心度
Murooka	大阪大学	17	0.01	曹卫东	中国农业科学院农业资源与农业区划研究所	59	0.28
Li Youguo	华中农业大学	13	0.01	黄国勤	江西农业大学生态科学研究中心	22	0
Zhou Junchu	华中农业大学	11	0.01	林新坚	福建省农业科学院土壤肥料研究所	20	0.01
Chen Dasong	华中农业大学	8	0.01	王允青	安徽省农业科学院土壤肥料研究所	16	0.04
H. J. Cho	伊利诺大学	7	0	徐昌旭	江西省农业科学院土壤肥料研究所	15	0.01
J. M. Widholm	伊利诺大学	6	0	杨滨娟	江西农业大学生态科学研究中心	14	0
Xu Jianming	浙江大学	6	0	鲁剑巍	华中农业大学资源与环境学院	14	0.01
Yamada	广岛大学	6	0.01	张辉	福建省农业科学院土壤肥料研究所	12	0
Zhang Xuexian	华中农业大学	5	0	兰忠明	福建省农业科学院土壤肥料研究所	11	0.01
Wang Xingxiang	中国科学院	4	0	聂军	湖南省土壤肥料研究所	11	0.01

3. 紫云英研究热点分析

对文献关键词知识图谱进行研究，可掌握一段时间内相关文献集中体现的热点词汇，关键词共现的频次越高，表明关键词之间关联度高，进而聚合为某一研究热点（王晓楠，2019）。运用VOSviewer软件生成紫云英研究关键词共现密度图（图3-9），可以清晰地看出紫云英的研究热点。WOS论文库中紫云英研究的热点关键词集中在green manure（绿肥）、organci matter（有机质）、yield（产量）、management（管理）、soil（土壤）、root nodules（根瘤）、nodulation（结瘤）、symbiosis（共生）、diversity（多样性）等，因此根据热点关键词及关键词共现密度图（图3-9a），可以划分为以绿肥为主的紫云英—土壤—水稻养分运筹领域和以根瘤为主的紫云英根瘤菌领域。CNKI论文库中紫云英研究的热点关键词集中在产量、土壤肥力、养分、水稻（稻田、水稻产量、双季稻）、根瘤菌、品种、养分积累量、红花草、耕作制度、经济效益、紫云英种子、间作、蜂蜜等，因此，根据热点关键词及关键词共现密度图（图3-9b），可以划分为紫云英—土壤—水稻养分运筹领域、紫云英根瘤菌领域、紫云英品种选育、紫云英功能产品开发等领域。

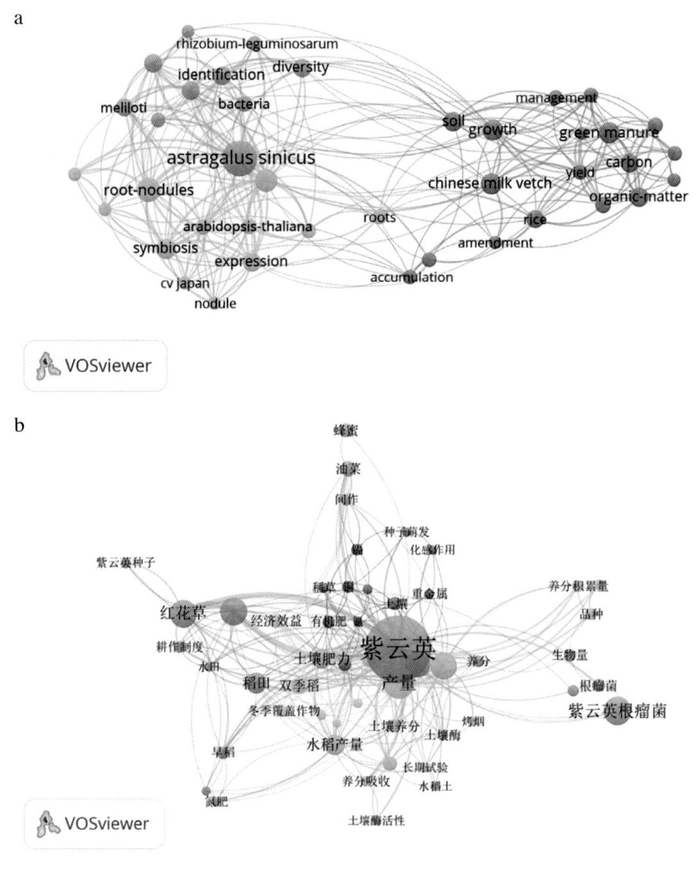

图3-9　关键词共现密度图

a. WOS数据库关键词共现密度图　b. CNKI数据库关键词共现密度图

注：*astragalus sinicus*（紫云英）；root-nodules（根瘤）；symbiosis（共生）；expression（表达）；nodule（结瘤）；*arabidopsisthaliana*（拟南芥）；cv japan（日本紫云英）；meliloti（根瘤菌）；bacteria（细菌）；identification（鉴定）；diversity（多样性）；rhizobium-leguminosarum（豆科植物根瘤菌）；chinese milk vetch（紫云英）；green manure（绿肥）；rice（水稻）；yield（产量）；organic matter（有机质）；carbon（碳）；soil（土壤）；growth（成长）；management（管理）；amendment（改良）；roots（根）；accumulation（累积）。

突现词是指短时间内使用频率骤增的关键词，可以表征研究前沿的发展趋势，突现词的突变强度则表现了该词短时间内使用频率骤增的强度（高云峰等，2018）。基于Citespace的突显词探测法可以用来探测某一时间段内紫云英研究的领域方向。表3-4为紫云英研究突现关键词指标，WOS数据库中meliloti（根瘤菌）突现关键词存在于20世纪90年代，gene（基因）突现关键词存在于90年代末至21世纪初，*Astragalus sinicus*（紫云英）、tillage（耕作）突现关键词存在于2012—2014年；CNKI数据库中红花草、豆科牧草、紫云英根瘤等突现关键词存在于20世纪90年代，产量、养分含量、养分积累量、水稻、养分等突现关键词存在于2008—2016年。图3-9结合表3-4说明，近年来紫云英研究的热点集中在紫云英—土壤—水稻养分运筹领域，我国的科研人员在紫云英还田腐解特征；改善土壤理化性状、影响土壤微生物及酶活性；减施化肥、提高水稻产量、改善水稻品质等方面做了大量研究，形成了紫云英—土壤—水稻的研究链（图3-10）。

表3-4　紫云英研究突现关键词

数据库	关键词	突现强度	开始年份	结束年份
WOS	meliloti（根瘤菌）	3.3595	1993	1998
	gene（基因）	3.4974	1996	2003
	Astragalus sinicus（紫云英）	4.9672	2002	2006
	tillage（耕作）	4.4502	2012	2014
CNKI	红花草	15.8022	1992	1998
	豆科牧草	15.1433	1992	1995
	紫云英-根瘤菌	13.0545	1992	1998
	产量	6.5911	2008	2014
	养分含量	3.8108	2011	2012
	养分积累量	3.8108	2011	2012
	水稻	3.5663	2008	2016
	养分	3.4949	2014	2015

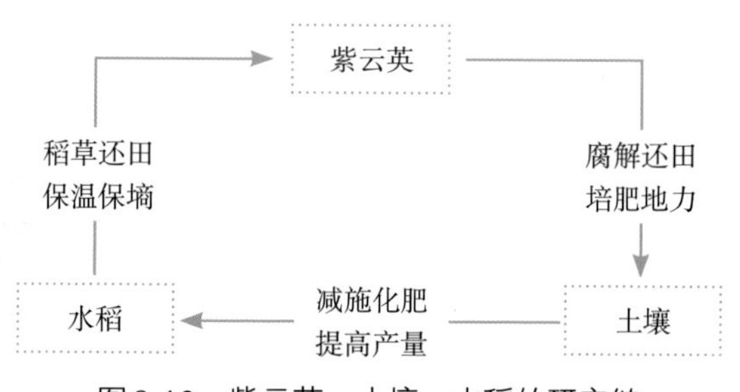

图3-10　紫云英—土壤—水稻的研究链

三、结论

借助CiteSpace 和VOSviewer分析软件，对 1992—2018年在WOS和CNKI数据库中检索到的紫云英研究文献进行文献计量学和大数据的可视化分析。结果表明：中国作为紫云英的原产地，是紫云英研究的主要力量，且与日本、美国、澳大利亚有着密切的合作；国内曹卫东是中文发文量最多的学者，且形成了核心作者群，其作为国家绿肥行业专项首席专家和国家绿肥产业技术体系首席科学家在推动我国紫云英的科研、应用与生产方面起到了重要作用。近年来紫云英研究的热点集中在紫云英—土壤—水稻养分运筹方面，与紫云英作为稻田绿肥的主体功能相契合。

4 第四章 广西适生绿肥品种

第一节 豆科绿肥

一、紫云英

【拉丁学名】*Astragalus sinicus* L.。

【中文别名】翘摇、红花草、草子。

【科属分类】豆科，黄耆属。

【植物学特征】一年或越年生草本植物。

1. 根

直根系，主根肥大，一般入土40 ~ 50cm，侧根入土浅；主根和侧根着生根瘤，形状有球状、短棒状、指状、叉状、掌状和块状。

2. 茎

呈圆柱形，中空，有疏绒毛，色淡绿、紫红或绿中带紫；茎前期直立，开花前后匍匐地面呈2 ~ 4次弯曲。

3. 叶

奇数羽状复叶，互生，具7 ~ 13枚小叶；小叶全缘，椭圆形或倒卵形；托叶楔形，色淡绿、微紫或淡绿带紫。

4. 花

总状花序，近伞形，花萼5片呈钟形；花冠蝶形，花色紫红色，偶有白色；旗瓣倒心脏形。

5. 果实

荚果条状圆形，微弯，顶端有喙，成熟时黑色，每夹有种子5 ~ 10粒；种子肾形，初收时黄绿色，后转为棕褐色，有光泽。

【生物学特性】紫云英性喜温暖气候，种子发芽最适温度为15 ~ 25℃，生长最适温度为15 ~ 20℃，开花结荚最适温度为13 ~ 20℃ ；紫云英冬长根，春长叶，冬季生长较慢，开春后随温度上升生长速度逐渐加快；喜湿润且排水良好的土壤环境，既怕旱又怕渍；幼苗期有较强的耐荫能力，适合稻底套种或果茶园间作；喜疏松、肥沃的沙质壤土或黏壤土，耐瘠性差，对磷元素敏感。

【用途】在广西作冬季绿肥，亦可作蜜用作物、菜用作物、饲用作物、观赏作物。

【绿肥利用方式】稻区冬闲田、果茶园行间种植。

【图谱】紫云英植株见图4-1 ~图4-7。

图4-1 紫红色花紫云英

图4-2 白色花紫云英

图4-3　紫云英始花期

图4-4　紫云英盛花期

图4-5　紫云英结荚期

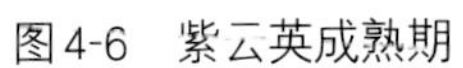

图4-6　紫云英成熟期

图4-7　紫云英的根瘤

二、苕子

【拉丁学名】毛叶苕子（*Vicia villosa* Roth.）、光叶苕子（*Vicia cracca* L.）、蓝花苕子（*Vicia villosa* var.）。

【中文别名】野豌豆。

【科属分类】豆科，巢菜属。

【植物学特征】一年或越年生草本植物。

1. 根

主根明显，侧根多，侧根支根细而密；根上着生根瘤，根瘤圆形，或有分叉，或呈鸡冠状。

2. 茎

茎蔓长，呈匍匐或半匍匐生长；茎四棱形，中空，有茸毛。

3. 叶

偶数羽状复叶，互生，小叶长圆形或披针形；毛叶苕子叶色较深，茎叶有浓密的茸毛；光叶苕子茎叶茸毛稀而短；蓝花苕子叶色较淡。

4. 花

无限型总状花序，腋生，每个花序长10 ～ 30朵花；花冠蝶形，毛叶苕子和光叶苕子花冠为紫色带红，蓝花苕子花冠为蓝色带紫，偶有白色。

5. 果实

荚果短矩形，两侧稍扁，每荚3 ～ 5粒种子；种子圆形，多为黑褐色。

【生物学特性】苕子耐寒性强，耐旱而不耐渍；土壤水分保持在最大持水量的60% ～ 70%时对苕子生长最为有利，达到80% ～ 90%时根系发黑而植株枯萎；对土壤要求不严，沙性土壤和黏性土壤豆科生长；pH适宜范围为5.0 ～ 8.5；耐瘠性强，在一般新垦果茶园均能较好生长。

【用途】在广西作冬季绿肥，亦可作蜜用作物、菜用作物、饲用作物。

【绿肥利用方式】稻区冬闲田、果茶园行间种植。

【图谱】几种苕子的植株及生长状态（图4-8 ～图4-13）。

图4-8　毛叶苕子

图4-9　光叶苕子

图4-10　蓝花苕子

图4-11　白花苕子

图4-12　苕子结荚期

图4-13　匍匐性生长

三、箭筈豌豆

【拉丁学名】*Vicia sativa* L.。

【中文别名】大巢菜、春巢菜、救荒野豌豆。

【科属分类】豆科，野豌豆属。

【植物学特征】一年或越年生草本植物。

1. 根

根系发达，主根稍肥大，长20 ～ 40cm，根幅20 ～ 25cm，着生根瘤。

2. 茎

柔嫩有棱，斜生或半攀援，多有分枝，被短柔毛或近无毛。

3. 叶

偶数羽状复叶，小叶矩形或倒卵形，小叶前端中央有突尖，叶形似箭筈；叶顶端有卷须，易缠于它物；托叶半箭形。

4. 花

花1 ～ 2朵，腋生，紫红、粉红或白色；花萼筒状，被短柔毛，萼齿披针形；花冠蝶形。

5. 果实

荚果条形，稍扁；种子球形或扁圆形；因品种不同，种皮有黄白、灰、黑、褐色或有斑纹。

【生物学特性】箭筈豌豆耐寒喜凉，耐旱力强；适应性广，耐贫瘠，可作荒地的先锋植物，但在冷浸烂泥田或盐碱地生长不良。

【用途】在广西作冬季绿肥，亦可作饲用作物，种子可用于生产粉丝。

【绿肥利用方式】稻区冬闲田、果茶园行间种植。

【图谱】箭筈豌豆各生长周期的状态见图4-14 ～图4-17。

图4-14　箭筈豌豆生长期

图4-15　箭筈豌豆盛花期

图4-16 箭筈豌豆结荚期

图4-17 箭筈豌豆成熟期

四、黄花草木樨

【拉丁学名】*Melilotus officinalis* L.。

【中文别名】黄香草木樨、香马料、金花草。

【科属分类】豆科，草木樨属。

【植物学特征】一年生或二年生草本植物。

1. 根

轴根系，主根发达，呈圆锥状，侧根较多；主根和侧根着生根瘤。

2. 茎

直立，中空，分枝多；茎细，株型较散；有芳香气味。

3. 叶

三出羽状复叶，小叶倒卵或矩圆形，叶缘有锯齿；托叶三角形，基本宽，有时分裂。

4. 花

花细长穗状，总状花序；蝶形花，花冠黄色，总花梗长10 ~ 30cm，每花有短柄；花萼钟状，旗瓣与翼瓣近等长。

5. 果实

荚果卵形，不开裂，有网纹，被短绒毛；种子长圆形，黄色或黄褐色。

【生物学特性】黄花草木樨适于温湿或半干燥的气候条件，性喜温凉，耐寒性强；根系发达，入土深，根幅大，能吸收深层土壤水分，耐旱；耐贫瘠，对土壤的适应性广。

【用途】在广西作冬季绿肥，亦可作水土保持作物、蜜源作物、饲用作物、药用作物。

【绿肥利用方式】稻区冬闲田、果茶园行间种植。

【图谱】黄花草木樨的植株（图4-18、图4-19）。

图4-18　黄花草木樨的植株

图4-19　黄花草木樨的花

五、金花菜

【拉丁学名】*Medicago polymorpha* L.。

【中文别名】南苜蓿、黄花苜蓿、刺苜蓿、黄花草子。

【科属分类】豆科，苜蓿属。

【植物学特征】一年生或越年生草本植物。

1. 根

主根细小，侧根发达，密集分布于表土层，着生根瘤。

2. 茎

平卧或丛生向上，长30 ~ 100cm，长高后倒伏，成半直立型；具棱，光滑，绿色或带紫色；早期茎中为海绵组织，伸长后中空。

3. 叶

三出复叶，小叶倒卵或心脏形，叶前缘有浅，基部楔形；叶面呈绿色，叶背稍带白色，有不明显紫红色细条纹。

4. 花

总状花序，花梗由叶腋伸出，由3 ~ 6朵小花组成，花冠黄色。

5. 果实

荚果螺旋形，扁平，边缘有刺毛，刺毛端有钩；种子肾形，黄色或黄褐色，硬实率高。

【生物学特性】金花菜喜温暖湿润气候，宜在冷凉季节生长发育；春性强，不耐冻；对水分要求严格，耐旱性弱，一般在土壤持水量为60% ~ 70%时生长良好；具有一定的耐酸性，在红壤也可生长，喜湿润肥沃土壤，耐瘠性弱。

【用途】在广西可作冬季绿肥，亦可作水土保持作物、饲用作物、菜用作物。

【绿肥利用方式】稻区冬闲田、果茶园行间种植。

【图谱】金花菜的植株（图4-20、图4-21）。

图4-20　金花菜

图4-21　金花菜的叶片

六、山黧豆

【拉丁学名】*Lathyrus sativus* L.。

【中文别名】马牙豆、草香豌豆、扁平山黧豆。

【科属分类】豆科，山黧豆属。

【植物学特征】一年生或越年生草本植物。

1. 根

根系发育中等，入土深，根群集中在10 ~ 30cm土层，根瘤多成块状复瘤。

2. 茎

半直立，簇状丛生，基部有分枝；茎扁平，光滑，四棱，其中有两棱延伸成翼状；分枝能力强，侧枝生长往往超过主枝。

3. 叶

偶数羽状复叶，小叶披针形或线形，两端尖锐或稍钝，轴叶顶端有卷须。

4. 花

总状花序，花冠蝶形，有白色、蓝色、红色等，花萼宽钟形。

5. 果实

荚果长圆形，扁宽，黄白色，荚脊有两直翅；种子楔形或齿状，乳白色、灰色或褐色。

【生物学特性】山黧豆喜凉爽湿润气候，在湿润条件好的南方，分枝性强，被覆度大，可抑制田间杂草；耐旱性好，抗寒性强，耐盐性和耐渍性差；对土壤要求不严，在沙壤土、沙土、黏土等土壤均可生长。

【用途】在广西可作冬季绿肥，亦可作饲用作物。

【绿肥利用方式】稻区冬闲田、果茶园行间种植。

【图谱】山黧豆的植株（图4-22、图4-23）。

图4-22 山黧豆

图4-23 山黧豆的花

七、白三叶

【拉丁学名】*Trifolium repens* L.。

【中文别名】白车轴草、荷兰翘摇。

【科属分类】豆科，车轴草属。

【植物学特征】多年生草本植物。

1. 根

主根细短，侧根发达，根系浅，根群集中在表土层。

2. 茎

株丛基部分枝较多，茎细长，实心光滑，匍匐生长；茎节着生地生根，并长出新的匍匐茎，不断向四周扩展，形成密集草层。

3. 叶

掌状三出复叶，叶互生，小叶倒卵形或倒心形，中央有V形白斑，叶缘有细锯齿，叶面光滑；托叶小，卵状披针形，端尖。

4. 花

头形总状花序，花小而多，密集成球状，白色或带淡红色。

5. 果实

荚果细长而小，荚壳薄，易爆裂；种子心形，黄色或棕黄色。

【生物学特性】白三叶喜温暖湿润气候，生长适宜温度为15 ~ 25℃，夏季高温时生长不佳；喜湿润环境，耐湿不耐旱；耐酸性土壤，土壤在pH为4.5的地区仍可生长，耐盐碱能力差；耐荫，适宜果茶园生长；再生能力强，能以种子自行繁衍。

【用途】在广西可作冬季绿肥，亦可作水土保持作物、饲用作物。

【绿肥利用方式】果茶园行间种植。

【图谱】白三叶的植株（图4-24、图4-25）。

图4-24　白三叶

图4-25　白三叶的花

八、豌豆

【拉丁学名】*Pisum sativum* L.。

【中文别名】戎菽。

【科属分类】豆科，豌豆属。

【植物学特征】一年生或越年生草本植物。

1. 根

直根系并有细长侧根，着生根瘤；主根发育较早，播种后幼苗尚未出土前，主根已长到6 ~ 8cm。

2. 茎

圆形中空，茎高因品种不同而异，高者多为中晚熟种，矮者多为早熟种，茎基部1 ~ 3节都能发生分枝。

3. 叶

偶数羽状复叶，小叶1 ~ 3对，呈卵形或椭圆形，一般为全缘或下部稍有锯齿，顶端第一～第三小叶退化为卷须。

4. 花

腋生总状花序，每花梗上着生1 ~ 3朵白花或紫花，由下而上开花，自花授粉。

5. 果实

荚果光滑无毛，荚壳有软硬两种，软荚果扁平状，柔软可食，硬荚果圆筒状，成熟时易裂荚脱粒；种子近球形，具棱角或皱纹，种皮黄色、白色或褐色。

【生物学特性】豌豆喜冷凉而湿润的气候，一般能耐－8 ~ －4℃低温，高温低湿对花的发育不利，干旱易致花蕾脱落，影响种子产量；前期需水多，种子发芽吸水量约为种子重量的100%～ 110%；耐酸性土壤，但耐涝性差。

【用途】在广西可作冬季绿肥，亦可作菜用植物。

【绿肥利用方式】稻区冬闲田、果茶园行间种植。

【图谱】豌豆的花与果实见图4-26、图4-27。

图4-26 豌豆的花

图4-27 豌豆的荚果

九、蚕豆

【拉丁学名】*Vicia faba* L.。

【中文别名】胡豆、南豆、佛豆、寒豆、罗汉豆、马豆、梅豆、兰花豆。

【科属分类】豆科，野豌豆属。

【植物学特征】一年生或越年生草本植物。

1. 根

主根短粗，多须根，根瘤粉红色，密集。

2. 茎

茎方形中空，柔嫩，富含水分，表面光滑无毛，幼时一般为青绿色，老熟时变为黄褐色。

3. 叶

偶数羽状复叶，叶轴顶端卷须缩短为短尖头；托叶戟头形或近三角状卵形，略有锯齿；小叶全缘，底面光滑无毛，叶质柔软肥厚。

4. 花

总状花序，腋生，蝶形花，花冠白色，具紫色脉纹及黑色斑晕；龙骨瓣两片在下方边缘联合成杯状，包覆着雌雄蕊；雄蕊共10条，其中9条基部联合在一起成管状，另一条分离独生，成为两体雄蕊；花柱梢部略上弯，柱头似莲蓬状，上生白色短毛。

5. 果实

荚果肥厚，扁短筒状，在表面被密而短的茸毛；种子扁平椭圆形，中间内凹，种皮革质，青绿色、灰绿色至棕褐色；种脐线形，黑色或白色。

【生物学特性】蚕豆喜温暖而略湿润的气候，需水量多，但不耐渍，长时间浸泡在田水中，极易诱发病害；不耐高温和干旱，适于pH在6 ~ 8的微酸、中性或微碱的土壤，对磷的吸收能力强；长日照植物，喜光。

【用途】在广西可作冬季绿肥，亦可作小杂粮作物、菜用作物、饲用作物。

【绿肥利用方式】稻区冬闲田、果茶园行间种植。

【图谱】蚕豆田间种植状况（图4-28、图4-29）。

图4-28　蚕豆田间种植状态

图4-29　蚕豆植株

十、平托花生

【拉丁学名】*Arachis pintoi*。

【中文别名】野花生、满地黄金。

【科属分类】豆科，落花生属。

【植物学特征】多年生匍匐性草本植物。

1. 根

根系发达，侧根多。

2. 茎

茎贴地生长，分枝多，可节节生根，草层高10 ~ 30cm，可形成地毯式覆盖。

3. 叶

羽状复叶，4片长卵形小叶互生。

4. 花

总状花序，腋生，花冠蝶形，色淡黄，花期长。

5. 果实

荚果长桃形，果壳薄；结果时间长，分散，结实率低。

【生物学特性】平托花生喜高温，耐酸，抗铝毒，对土壤要求不严，适宜热带或亚热带地区种植；耐践踏，耐荫性好，适宜果茶园间作；周年可扦插种植。

【用途】在广西可作多年生绿肥，亦可作水土保持、饲用作物。

【绿肥利用方式】果茶园行间种植。

【图谱】平托花生田间种植状况（图4-30、图4-31）。

图4-30 平托花生的种植状态

图4-31 平托花生的花

十一、田菁

【拉丁学名】*Sesbania cannabina* (Retz.) Poir.。

【中文别名】碱菁、涝豆。

【科属分类】豆科，田菁属。

【植物学特征】一年生或多年生，多为草本、灌木、少为小乔木。

1. 根

主根粗，深达1m，侧根发达；根瘤集中在主根上部，多而大。

2. 茎

茎直立，普通田菁茎无刺，多刺田菁枝条有细弱刺。

3. 叶

偶数羽状复叶，小叶呈线状短矩形，先端钝，有细尖，基部圆形，背面被极稀疏而紧贴的丝质柔毛；小叶对光敏感，有昼开夜合及向光习性。

4. 花

总状花序，腋生；花蕾椭圆形，花萼绿色，无毛，裂齿短，三角形，顶端尖；花冠淡黄色。

5. 果实

荚果圆柱状条形，平展或倒垂，直或稍弯，顶端有尖喙，夹缝不凸起；种子圆柱状，绿褐色或褐色。

【生物学特性】田菁喜高温高湿条件，气温在25℃以上时，生长迅速，气温降低到20℃以下时，生长缓慢；需水量大，蒸腾作用强烈，苗期抗旱能力弱。当株高在30～40cm时，根系深扎，可吸收下层土壤水分，抗旱能力增强。抗逆性强，耐盐、耐涝、耐瘠，对土壤要求不严格。短日照植物，对光照反应敏感。根瘤多，固氮能力强；对磷素反应敏感，施用磷肥可促进田菁生长，增加鲜草产量，促进根瘤固氮。

【用途】广西作夏季绿肥，亦可作饲用作物。

【绿肥利用方式】夏季闲田或果园行间种植，茎秆木质化之前还田。

【图谱】田菁田间种植状况见图4-32、图4-33。

图4-32　田菁田间种植状况

图4-33　田菁的果实

十二、山毛豆

【拉丁学名】*Tephrosia candida*。

【中文别名】白灰毛豆。

【科属分类】豆科，灰毛豆属。

【植物学特征】多年生小灌木。

1. 根

直根系，主根粗大而深长，根皮黄褐色，侧根多而壮，着生根瘤。

2. 茎

茎秆圆形，低位丛生多数分枝，被灰褐色茸毛，茎秆和分枝上都有纵走的槽沟状皮纹，不经刈割的多年生植株，高在3m以上。

3. 叶

奇数羽状复叶，有短叶柄，小叶长矩圆形，先端钝，叶面深灰绿色，叶背银灰色，密被细软茸毛，有直立的刚毛状托叶。

4. 花

花为蝶形，数十朵组成顶生或侧生的总状花序，花冠白色。

5. 果实

荚果为扁长矩形，稍弯曲，表面密被黄褐色丝毛，成熟后变为深褐色；种子扁肾形，淡褐绿带褐色麻斑，种皮坚硬，有蜡质，硬粒多。

【生物学特性】耐寒、耐瘠、耐热、耐酸性强，能适应在高温干燥的红壤山坡丘陵旱地，或荒山荒地及公路边、基围边等阳光充足开阔的地方生长，不耐荫蔽低温环境。

【用途】广西作夏季绿肥，亦可作固土护坡、饲用作物。

【绿肥利用方式】夏季闲田或果园行间种植，茎秆木质化之前还田。

【图谱】山毛豆生长状态见图4-34、图4-35。

图4-34 山毛豆的花和果实

图4-35 山毛豆植株

十三、大叶猪屎豆

【拉丁学名】*Crotalaria assamica* Benth.。

【中文别名】大猪屎青、野百合、响铃豆。

【科属分类】豆科，猪屎豆属。

【植物学特征】一年生直立型草本植物。

1. 根

根系发达，侧支根平展伸张，着生根瘤。

2. 茎

茎圆形，中空有髓，老化后空心，成熟后株高150 ～ 200cm，最高达250cm。

3. 叶

单叶互生。叶柔软肥大，全缘，椭圆形，表层深绿色，背面密被针银状白色细毛；叶柄极短，柄基两侧有三角形小托叶各1枚。

4. 花

总状花序，花着生密，每序20 ～ 30朵花，花冠蝶形，金黄色。

5. 果实

荚果矩形，幼嫩时色灰绿，渐老则膨大呈黄色半透明状；每荚包含种子8 ～ 20粒，成熟后自行落入荚果壳内，摇动时会沙沙发响；种子肾形，具蜡质光泽，角质层厚，呈酱色发光，硬实率高。

【生物学特性】大叶猪屎豆喜温暖湿润气候，耐高温不耐冻，苗期生长慢，日平均气温在25℃以上时生长迅速；对土壤要求不严，最适于沙性土壤；耐旱、耐酸和耐瘠能力强，对盐碱和渍水土壤适应能力差；刈割后再生力强。

【用途】在广西可作夏季绿肥，亦可作固土护坡作物。

【绿肥利用方式】夏季闲田或果园行间种植，茎秆木质化之前还田。

【图谱】大叶猪屎豆的田间种植情况见图4-36、图4-37。

图4-36　大叶猪屎豆田间种植情况

图4-37　大叶猪屎豆的果实

十四、柽麻

【拉丁学名】*Crotalaria juncea* L.。

【中文别名】太阳麻、菽麻、印度麻。

【科属分类】豆科，猪屎豆属。

【植物学特征】一年生直立型草本植物。

1. 根

直根型，主根粗壮，侧根较多，着生根瘤。根瘤分圆形单瘤和姜瓣状复瘤，生长前期单瘤多，中后期多为复瘤。

2. 茎

茎直立，有分枝，主茎表层有13条沟纹组成，全株密生短柔毛。

3. 叶

单叶，短圆形或短圆状披针形；叶的两面密被丝光质短柔毛，背面尤密，托叶狭披针形。

4. 花

总状花序顶生或腋生，每序11 ~ 12朵花；花萼包住花瓣，萼5裂，密被淡褐色绢质短柔毛；花内有雌蕊1个，由柱头和子房组成；花冠黄色。

5. 果实

荚果圆柱形，密被绢质段柔毛，未成熟时淡黄色，成熟时变浅黄色，内部光滑；种子肾形，深褐色或绿褐色。

【生物学特性】柽麻适应性广，喜温暖湿润气候；对土壤要求不严，pH为4.5 ~ 9.0的土壤均可种植；耐旱、耐瘠能力强。

【用途】在广西可作夏季绿肥，亦可作饲用作物；茎秆可以剥麻，青体出麻率3.5%~ 5.0%。

【绿肥利用方式】夏季闲田或果园行间种植，茎秆木质化之前还田。

【图谱】柽麻的田间种植见图4-38、图4-39。

图4-38　柽麻的田间种植状况

图4-39　柽麻的果实

十五、印度豇豆

【拉丁学名】*Vigna sinensis* Sari var.。

【中文别名】菜豆、裙带豆、红公豆。

【科属分类】豆科，豇豆属。

【植物学特征】一年生蔓生草本植物。

1. 根

根系发达，集中在表土层，根瘤多。

2. 茎

茎柔软，长150cm以上，平均分枝5个；株型为半匍匐型，草层高50～60cm。

3. 叶

三出复叶，小叶全缘，菱卵形，叶片光滑油亮，色浓绿。

4. 花

总状花序，腋生，花冠蝶形，色青紫。

5. 果实

荚果圆筒形，下垂，长15～20cm，老熟荚薄脆，色黄褐；种子短矩形，淡黄褐色。

【生物学特性】印度豇豆喜温暖湿润气候，生育期最适温度为15～30℃；对土壤要求不严，新垦荒地，稍施磷、钾肥即可生长良好；具一定耐酸、耐瘠和耐荫蔽能力，耐渍、耐旱及抗病虫能力差；刈割后可再生。

【用途】在广西可作夏季绿肥，亦可作小杂粮作物、饲用作物。

【绿肥利用方式】夏季闲田或果园行间种植。

【图谱】印度豇豆的田间种植状况见图4-40、图4-41。

图4-40　印度豇豆植株

图4-41　印度豇豆田间种植

十六、拉巴豆

【拉丁学名】*Dolichos lablab* L.。

【中文别名】眉豆、扁豆。

【科属分类】豆科，扁豆属。

【植物学特征】一年生或多年生攀援型草本植物。

1. 根

主根发达，侧根多，根瘤着生。

2. 茎

茎卷须，分枝能力强，斜向上生长，茎长3 ~ 6m。

3. 叶

三出复叶，叶卵形或偏菱形，叶背面具短绒毛。

4. 花

总状花序，花序松散，成簇状，花白色、蓝色或紫色。

5. 果实

荚果宽镰刀形，含3 ~ 6粒种子，种子不落粒；种子黑色或浅棕色，呈眉形。

【生物学特性】拉巴豆适应性广，耐瘠、耐旱，在pH为6 ~ 8的各类土壤上均可种植，在降雨量为750 ~ 2 500mm的热带、亚热带地区表现良好；平均气温在25℃以上时生长速度快，每年6 ~ 10月生长最旺盛，能耐短时霜冻，生育期可达300d；刈割后可再生。

【用途】在广西可作夏季绿肥，亦可作饲用作物。

【绿肥利用方式】夏季闲田或果园行间种植。

【图谱】拉巴豆的田间种植情况（图4-42、图4-43）。

图4-42　拉巴豆田间生长状况

图4-43　拉巴豆的果实

十七、猫豆

【拉丁学名】*Mucuna pruriens*。

【中文别名】黧豆、狗爪豆、猫爪豆、龙爪黎豆。

【科属分类】豆科，黎豆属。

【植物学特征】一年生攀援型草本植物。

1. 根

直根系，侧根发达，着生根瘤。

2. 茎

茎蔓生，攀附。

3. 叶

三出复叶，宽卵形，叶基部有披针状小托叶。

4. 花

总状花序，花大，唇形，常3个1束，着生在有节的花梗上，色暗紫或白；花萼2瓣，旗瓣较龙骨瓣短，龙骨瓣下部直，顶端微向下弯，雄蕊10枚（9枚联合），花柱丝状，近顶端处有细毛，柱头小。

5. 果实

荚果宽厚，老熟后，荚壳干硬短缩，黑色，脊棱露出，荚皮上有毛或茸毛；种子近长椭圆形，灰白或灰色，上有黑色斑点或条纹，种脐处有圆领状的种阜。

【生物学特性】猫豆喜温暖湿润气候，属短日照植物；耐旱、耐瘠、抗逆性强；对土壤要求不严，在石漠化山区亦可生长。

【用途】在广西可作夏季绿肥，亦可作药用作物、菜用作物。

【绿肥利用方式】夏季闲田或果茶园行间种植。

【图谱】猫豆田间种植情况见图4-44、图4-45。

图4-44　猫豆田间种植情况

图4-45　猫豆的花

十八、羽叶决明

【拉丁学名】*Chamaecradta nictitans*。

【科属分类】豆科，决明属。

【植物学特征】多年生草本植物。

1. 根

直根系，侧根发达，着生根瘤。

2. 茎

茎圆形，直立。

3. 叶

叶互生，锐尖状叶尖，平行脉序，羽状复叶，条形小叶。

4. 花

花腋生，蝶形花冠，花黄色，花瓣5片，旋瓦状排列；雄蕊9枚，单雌蕊，子房上位。

5. 果实

荚果扁平状；种子不规则扁平长方形，棕黑色。

【生物学特性】羽叶决明喜高温，耐瘠、耐旱、耐酸、抗铝毒；对土壤要求不严，适宜温带及亚热带红壤丘陵区种植。

【用途】在广西可作夏季绿肥，亦可作固土护坡作物、饲用作物。

【绿肥利用方式】夏季闲田或果园行间种植，茎秆木质化之前还田。

【图谱】羽叶决明的田间生长状况（图4-46、图4-47）。

图4-46 羽叶决明田间生长状况

图4-47 羽叶决明的根及根瘤

十九、圆叶决明

【拉丁学名】*Chamaecrista rotundifolia* Greene.。

【科属分类】豆科，决明属。

【植物学特征】一年生或多年生草本植物。

1. 根

直根系，侧根发达，主要聚集在表土层。

2. 茎

茎直立或半直立，圆形，有的具白茸毛。

3. 叶

叶互生，由两片小叶组成，叶片光滑，不对称；羽状脉序，三出复叶，倒卵圆形；托叶披针形至心形，具纤毛。

4. 花

花腋生，花冠蝶形，花黄色，无毛，复瓦状排列；花萼披针形；单雌蕊，子房上位。

5. 果实

荚果扁长条形，果荚易裂，成熟时为黑褐色；种子呈不规则扁平四方形，黄褐色。

【生物学特性】圆叶决明喜高温，遇轻度霜冻，植株地上部枯死，近地部的主茎及根仍能宿存；耐瘠、耐旱、耐酸、抗铝毒；对土壤要求不严，适宜热带、亚热带红壤区种植，可作为新开红壤地的先锋作物。

【用途】在广西可作夏季绿肥，亦可作固土护坡作物、饲用作物。

【绿肥利用方式】夏季闲田或果园行间种植，茎秆木质化之前还田。

【图谱】圆叶决明田间生长状况（图4-48、图4-49）。

图4-48　圆叶决明田间生长状况

图4-49　圆叶决明的果实

二十、柱花草

【拉丁学名】*Stylosanthes Guianensis*。

【中文别名】巴西苜蓿、热带苜蓿。

【科属分类】豆科，柱花草属。

【植物学特征】多年生草本植物。

1. 根

主根明细，根系发达，着生根瘤。

2. 茎

茎直立，半直立或匍匐，密被茸毛；株高一般在70 ~ 150cm，多数主茎不分明，分枝多，斜向上生长。

3. 叶

掌状三出复叶，中间小叶披针形、倒披针形、椭圆形、卵圆形等。

4. 花

穗状花序，成小簇着生于茎上部叶腋中，花冠蝶形，花黄色、橙色或白色，着生于萼管喉部。

5. 果实

荚果扁平，不开裂，果瓣具粗网纹或小瘤；种子小，肾形，淡黄棕色，种皮光滑而坚实。

【生物学特性】柱花草喜高温、多雨、湿润气候，怕霜冻、耐寒性差，可抗夏季高温；适应性强，对土壤要求不严，耐贫瘠、耐干旱、耐酸性土壤，耐盐性差，不耐渍；苗期生长缓慢，一旦植株封行，则迅速生长，刈割后可再生。

【用途】在广西可作夏季绿肥，亦可作饲用作物。

【绿肥利用方式】夏季闲田或果园行间种植，可定期刈割还田。

【图谱】柱花草的田间生长情况见图4-50、图4-51。

图4-50　柱花草田间生长状况

图4-51　柱花草植株

二十一、多变小冠花

【拉丁学名】*Coronilla varia* L.。

【中文别名】小冠花、绣球小冠花。

【科属分类】豆科，小冠花属。

【植物学特征】多年生草本植物。

1. 根

根系粗壮，侧根发达，分布于10 ~ 20cm土层横向走串，长2 ~ 3m，侧根上生有许多不定芽，为根蘖，在条件适宜时，可破土出苗，再生新株。

2. 茎

茎中空，有棱，无毛，质软而柔嫩，半匍匐生长。

3. 叶

奇数羽状复叶，小叶长圆形或倒卵形，前端钝或具短尖头。

4. 花

伞状花序，腋生，大多由14朵以上的小花成环状紧密排列于花梗顶端，似皇冠，故名小冠花；花冠蝶形，花粉红色，开放后颜色逐渐加深成紫色。

5. 果实

荚果细长，几个聚集起来如鸡爪，荚果成熟后易自节处断裂成单节，每节有种子1粒；种子肾形，细长，红褐色，硬实率高。

【生物学特性】小冠花耐寒又耐热，抗逆性强，适应性广；耐旱性强，耐湿性差，耐贫瘠，但不耐酸性土；根系发达，生活力强，覆盖度大，能快速形成草层。

【用途】在广西可作多年生绿肥，亦可用于固土护坡，或作蜜源作物、饲用作物、景观作物。

【绿肥利用方式】果茶园行间种植。

【图谱】多变小冠花的田间生长状况见图4-52、图4-53。

图4-52　多变小冠花田间生长状况

图4-53　多变小冠花的花

二十二、绿豆

【拉丁学名】*Phaseolus aureus* Roxb.。

【中文别名】青小豆、菉豆。

【科属分类】豆科，豇豆属。

【植物学特征】一年生草本植物。

1. 根

主根系不发达，侧根多而细，着生根瘤。

2. 茎

茎直立，有分枝，有的顶端微缠绕。

3. 叶

三出复叶，小叶卵形，顶端尖，有全缘和缺刻两种。

4. 花

总状花序，一般每个花序上有4 ~ 6朵花，花色淡黄，花梗短于叶柄，有蜜腺，花柱螺旋形，有茸毛。

5. 果实

荚果线性，有淡褐色粗毛；种子圆柱形或短矩形，常为绿色，亦有黄褐色或蓝绿色，种脐白色凸出。

【生物学特性】绿豆喜温暖湿润气候，生育期间要求较高的温度，最适宜的生长温度为25 ~ 30℃ ；不耐低温，遇霜冻易枯萎；耐湿性强，但土壤过湿易徒长倒伏。

【用途】在广西可作夏季绿肥，亦可作小杂粮作物。

【绿肥利用方式】夏季闲田或果园行间种植，盛花期还田。

【图谱】绿豆的田间生长状况见图4-54、图4-55。

图4-54　绿豆田间生长状况

图4-55　绿豆的果实

二十三、赤小豆

【拉丁学名】*Pbaseolus calcaratus* Roxb.。

【中文别名】红小豆、赤豆、朱豆。

【科属分类】豆科，豇豆属。

【植物学特征】一年生草本植物。

1. 根

主根系不发达，侧根多而细，根瘤着生。

2. 茎

茎纤细，幼时被黄色长柔毛，老时无毛，直立或上部缠绕。

3. 叶

羽状复叶，具3小叶，托叶盾状着生，披针形；小叶披针形或矩圆状披针形，先端渐尖；基部宽楔形或近截形，全缘或有时浅裂。

4. 花

总状花序，腋生，有2~3朵花；花长约1cm，萼钟状，萼齿披针形；花冠黄色。

5. 果实

荚果圆柱形，无毛；种子长椭圆形，暗红色，少有褐色或黑色，较狭窄，种脐凹陷。

【生物学特性】赤小豆喜温暖湿润气候，适应性强，耐旱、耐瘠、耐盐碱。

【用途】在广西可作夏季绿肥，亦可作小杂粮作物。

【绿肥利用方式】夏季闲田或果园行间种植，盛花期还田。

【图谱】赤小豆的田间生长情况见图4-56、图4-57。

图4-56　赤小豆的叶片

图4-57　赤小豆田间生长情况

二十四、黑豆

【拉丁学名】*Glycine max* L.。

【中文别名】乌豆、枝仔豆、黑大豆。

【科属分类】豆科，大豆属。

【植物学特征】一年生草本植物。

1. 根

直根系，侧根多而细，根瘤着生。

2. 茎

茎直立或上部蔓性，密生黄色长硬毛。

3. 叶

三出复叶，叶互生；叶柄长，密生黄色长硬毛；托叶小，披针形；小叶卵形或椭圆形。

4. 花

总状花序，腋生；花白色或紫色；花萼绿色，钟状；花冠蝶形。

5. 果实

荚果长方披针形，先端有微凸尖，成熟时为褐色，密被黄色硬毛；种子卵圆形或近球形，种皮黄色、绿色或黑色。

【生物学特性】黑豆喜温暖湿润气候，适应性强，耐旱、耐瘠、耐盐碱。

【用途】在广西可作夏季绿肥，亦可作小杂粮作物。

【绿肥利用方式】夏季闲田或果园行间种植，茎秆木质化之前还田。

【图谱】黑豆的生长状况见图4-58、图4-59。

图4-58　黑豆的叶片

图4-59　黑豆的果实

第二节　十字花科绿肥

一、茹菜

【拉丁学名】*Raphanus sativus* L.。

【中文别名】肥田萝卜、满园花、大菜、萝卜青。

【科属分类】十字花科，萝卜属。

【植物学特征】一年生或越年生草本植物。

1. 根

直根系，肉质，形状大小和颜色多变化，一般为圆锥形、球形、圆柱形或扁圆形等，有白色、绿色、红色或紫色。

2. 茎

茎粗壮直立，圆形或带棱角，色淡绿或微带青紫，分枝多；成熟茎中空有髓，木质化程度增强。

3. 叶

苗期叶片簇生于短缩茎上，中肋粗大，现蕾抽薹后，渐次伸长为直立性单株。

4. 花

总状花序，花冠4瓣，呈十字形排列，色白或略带青紫。

5. 果实

角果长圆肉质，先端尖细，基部钝圆，不爆裂；种子多为不规则扁圆形，夹杂少数圆锥形、心形，红褐或黄褐色，表面无光泽，有的现螺纹圈。

【生物学特性】茹菜喜温暖湿润气候，全生育期最适气温为15 ～ 20℃ ；对土壤要求不严，耐瘠、耐酸，不耐渍和盐碱，是改良红壤、黄壤低产田的先锋植物。

【用途】在广西可作冬季绿肥，亦可作饲用植物。

【绿肥利用方式】稻区冬闲田、果茶园行间种植。

【图谱】茹菜的田间生长状况见图4-60、图4-61。

图4-60　茹菜的花

图4-61　茹菜的田间种植状况

二、油菜

【拉丁学名】*Brassica napus* L.。
【中文别名】油白菜，苦菜。
【科属分类】十字花科，芸薹属。
【植物学特征】一年生或越年生草本植物，有白菜型和芥菜型之分。

1. 根

直根系，主根呈圆锥形。

2. 茎

茎圆柱形，多分枝。

3. 叶

基生叶长10～20cm，大头羽状分裂，顶裂片圆形或卵形，侧裂片5对，卵形；茎生叶基部抱茎，两面有毛。

4. 花

总状花序，发育于主茎和分枝先端，每一花序着花10朵，单花有花冠、花萼各4瓣，花冠多为黄色，亦有红色、紫色、白色等多种颜色，呈十字形排列。

5. 果实

角果长圆形，成熟角果分裂呈两片狭长的船形壳状物，中有隔膜相连，种子着生于隔膜两侧；种子圆形或卵圆形，色有淡黄、金黄、淡褐、深褐及黑色。

【生物学特性】油菜喜温暖湿润气候，种子无休眠期，苗期稍耐低温，现蕾抽薹后最适宜气温为14～18℃；以土层深厚肥沃，pH为6.5～7.5的沙壤土、壤土或黏壤土最为适宜；多数品种抗病能力弱。

【用途】在广西可作冬季绿肥，亦可作油料作物、菜用作物、蜜源作物、景观作物。

【绿肥利用方式】稻区冬闲田、果茶园行间种植。

【图谱】不同花色的油菜花（图4-62、图4-63）。

图4-62　一般的油菜花

图4-63　粉色油菜花

第三节　禾本科绿肥

一、黑麦草

【拉丁学名】*Lolium multiflorum*。

【中文别名】多年生黑麦草又称宿根黑麦草，一年生黑麦草又称多花黑麦草、意大利黑麦草。

【科属分类】禾本科，黑麦草属。

【植物学特征】多年生和越年生或一年生草本植物，有多年生黑麦草和一年生黑麦草之分。

1. 根

须根发达，主要分布于表土层中，具细短根茎。

2. 茎

分蘖众多，丛生，基部节上生根。

3. 叶

叶片狭长，柔软，具微毛，有时具叶耳。

4. 花

穗形穗状花序，直立或稍弯，由带节的穗轴和着生其上的小穗组成。

5. 果实

颖状扁平，长约为宽的3倍；一年生黑麦草的种子外颖有芒，内颖外缘有深刻的锯齿，种穗成熟时为淡黄色，种壳也为淡黄色。

【生物学特性】黑麦草喜温凉湿润气候，气温在10℃以上时能较好生长，低于－15℃和高于35℃的情况下生长不良；在南方各地可安全越冬，但夏季高温、干旱对其不利；耐湿能力强，光照强、日照短、温度低有利其分蘖；对土壤条件要求不严，最适于在排灌方便、肥沃而湿润的黏土和黏壤土生长，略耐酸性。

【用途】在广西可作冬季绿肥，亦可作饲用植物。

【绿肥利用方式】稻区冬闲田、果茶园行间种植。

【图谱】黑麦草的田间种植状况（图4-64、图4-65）。

图4-64　黑麦草植株

图4-65　黑麦草的田间生长情况

二、鼠茅草

【拉丁学名】*Vulpia myuros*。

【科属分类】禾本科，鼠茅属。

【植物学特征】一年生草本植物。

1. 根

根系深，30 ～ 60cm。

2. 茎

秆直立，细弱，光滑，高20 ～ 60cm，径约1mm，具节3 ～ 4个。

3. 叶

叶鞘光滑无毛，疏松裹茎，短于节间，有的下部长于节间；叶舌长0.2 ～ 0.5mm，截平，干膜质，土黄色；叶片长7 ～ 11cm，宽1 ～ 2mm，内卷，背面无毛，上面被毛茸。

4. 花

圆锥花序狭窄，基部通常为叶鞘所包裹或稍露出；小穗长8 ～ 10mm，含4 ～ 5朵小花；外稃狭披针形，背部近于圆形，粗糙或边缘具较长的毛，具5脉；雄蕊1枚，花药长0.4 ～ 1.0mm。

5. 果实

颖果红棕色，长圆形。

【生物学特性】鼠茅草是一种耐严寒而不耐高温的草本绿肥植物，根生密集，在生长期及根系枯死腐烂后，既保持了土壤渗透性，防止了地面积水，又保持了通气性，在果园种植可增强果树的抗涝能力。

【用途】在广西可作冬季绿肥，亦可作草坪草。

【绿肥利用方式】果茶园行间种植。

【图谱】鼠茅草的田间生长状况见图4-66、图4-67。

图4-66　鼠茅草植株

图4-67　鼠茅草的田间生长状况

三、宽叶雀稗

【拉丁学名】*Paspalum wettsteinii* Hack。

【中文别名】粗秆雀稗。

【科属分类】禾本科，雀稗属。

【植物学特征】多年生草本植物。

1. 根

根系发达，有粗短根茎，茎节着地生根，并长出分蘖，可用分株繁殖。

2. 茎

秆直立，丛生，半匍匐状，高50 ~ 100cm，具节2 ~ 5个，被短柔毛。

3. 叶

叶片线状披针形，长20 ~ 43cm，宽1.5 ~ 3.0cm；叶鞘包茎，叶鞘基部暗褐色；叶舌长约2mm，膜质，呈小齿状。

4. 花

穗状总状花序。总状花序3 ~ 6枚，长5 ~ 10cm，互生于长3 ~ 8cm的主轴上，形成总状圆锥花序，分枝腋间具长柔毛；小穗呈4行排列于穗轴一侧，长椭圆形，先端钝，一面平坦或稍凹，另一面显著凸起，浅褐色。

5. 果实

颖果，长卵圆形，褐色，长约2mm。

【生物学特性】喜温暖湿润气候，适于亚热带地区栽培。耐热不耐寒，较耐旱、耐瘠、耐酸，在肥沃湿润的土壤上生长最好。

【用途】在广西可作多年生绿肥，亦可作固土护坡作物、饲用作物。

【绿肥利用方式】果茶园行间种植。

【图谱】宽叶雀稗的田间生长情况（图4-68、图4-69）。

图4-68　宽叶雀稗植株

图4-69　宽叶雀稗的田间生长情况

第四节　水生绿肥

一、红萍

【拉丁学名】*Azolla imbricata* (Roxb.) Nakai。

【中文别名】满江红、红飘、绿萍。

【科属分类】满江红科，满江红属。

【植物学特征】水生蕨类植物，主要有细绿萍、卡州萍、羽叶萍等。

1. 根

不定根，产生于茎的下侧，细长，悬垂于水中，多为单生，个别种簇生。

2. 茎

茎的形态，各种间有所差异，有单一或假二歧分枝，平直或呈之字形，一般平卧水面。

3. 叶

叶芝麻状，无叶柄，互生，覆瓦状叶分上下两片，上裂片叶为同化叶，可进行光合固氮作用，下裂片叶为吸收叶，起浮载萍体和吸收养分的作用；叶片含花青素，受外界环境影响，可由绿色变为红色。

4. 果实

无性繁殖，孢子果，从形成到成熟包括总孢形成和大小孢子果形成阶段、大小孢子果异性发育阶段；小孢子果内孢子囊不等熟阶段、总孢开裂及脱落阶段、孢子囊成熟阶段等。

【生物学特性】对温度十分敏感，因种类而异，一般15 ～ 20℃为适宜温度；吸钾能力强，钾素可促进光合作用，增加抗寒性能；水面流动对其生长不利，因此放养需选择避风地段，以波动少的水面为宜。

【用途】在广西可作四季绿肥，亦可作饲用植物。

【绿肥利用方式】稻区冬闲田或用于稻—萍—渔/鸭共作模式。

【图谱】红萍的田间生长情况（图4-70、图4-71）。

图4-70　红萍的生长状况

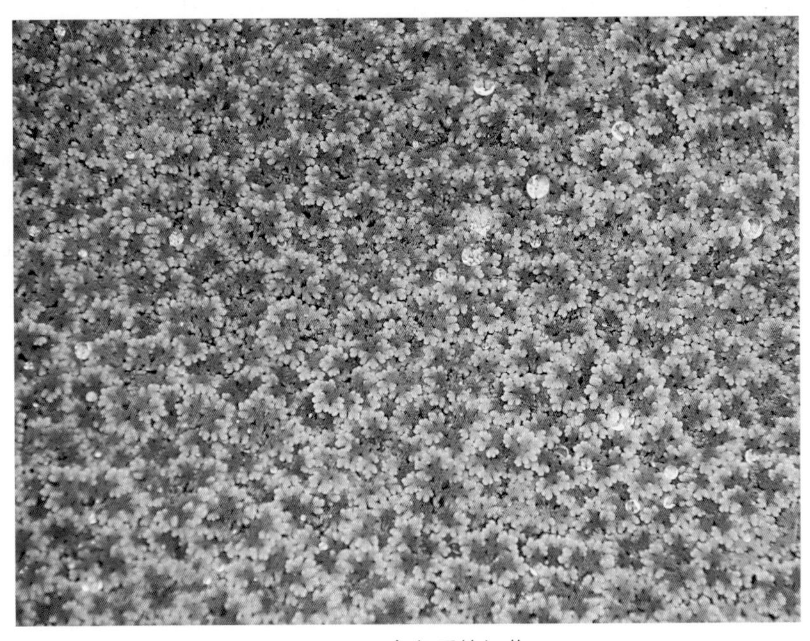

图4-71　变色后的红萍

二、狐尾藻

【拉丁学名】*Myriophyllum verticillatum* L.。

【中文别名】轮叶狐尾藻、绿狐尾藻、凤凰草。

【科属分类】小二仙草科，狐尾藻属。

【植物学特征】多年生沉水草本植物。

1. 根

根状茎发达，在水底泥中蔓延，节部生根，多须根。

2. 茎

茎圆柱形，多分枝，下部沉于水中，上部挺出水面。

3. 叶

水上叶对生、互生或轮生，呈线形、披针形或卵形，全缘或羽状分裂。生于水中者较长，叶鲜绿色，长约1cm，小裂片稍宽短。

4. 花

花小无柄，生于叶腋，或成穗状花序，4枚轮生，略呈十字排列；单性，雌雄同株或异株，或杂性株。雄花具短萼筒，雌花萼筒与子房合生，具深槽，无裂片或4裂，花瓣小或缺，子房下位，花柱通常弯曲，具羽毛状柱头。

5. 果实

果实广卵形，具4深槽，或分裂为4果瓣。

【生物学特性】狐尾藻性喜温暖，较耐低温，在16 ~ 26℃的温度范围内生长较好，越冬温度不宜低于4℃ ；属风媒花，在水面以上授粉，故只有穗状花序露出水面，茎叶都在水内；种子、根茎繁殖；适应力强，而且能吸收大量氮、磷物质，多生于稻田、沼泽、水渠等处。

【用途】在广西可作四季绿肥，亦可作净水植物、饲用作物。

【绿肥利用方式】稻—藻—渔/鸭共作模式。

【图谱】狐尾藻田间生长情况（图4-72、图4-73）。

图4-72　狐尾藻生长状况

图4-73　狐尾藻植株

5 第五章 绿肥生产与利用技术

第一节　稻田绿肥应用技术

一、稻田绿肥高产栽培与利用技术

稻田绿肥在生产利用中，“只播不管”往往造成绿肥的低产。采用稻底套播冬绿肥、根瘤菌拌种、稻草—绿肥协同利用、绿肥混播、开沟防渍、以肥养肥、病虫害防控、翻压还田等技术，可实现绿肥的高产，起到培肥地力的作用。

1. 稻底套播冬绿肥技术

稻底套播是指在水稻生育后期将绿肥种了撒播丁稻田的播种方式，具有省工节本、提高劳动生产率、保护土壤的优点。播种时，可采用人工撒播（图5-1）、便携机播（图5-2）及无人机飞播（图5-3）的方式播种。该技术一方面

图5-1　人工撒播

图5-2　便携机播

图5-3 无人机飞播

抓住了稻田土壤墒情，有利于充分发挥晚稻收获前温光水热资源，另一方面减少劳动投入，避免晚稻收获期劳力不足，同时操作程序简单，方便易行，便于推广。

2. 根瘤菌拌种技术

根瘤菌剂是指以根瘤菌为菌种制成的微生物制剂，它能够固定空气中的氮元素，为宿主植物提供大量氮肥，从而达到增产的目的。在新垦地或多年不种绿肥的田地种植豆科绿肥时接种根瘤菌，能实现豆科绿肥的高产。以紫云英为例，在新的种植区，特别在瘦田，接种根瘤菌是紫云英高产的关键。接种时，选择专一根瘤菌剂，将菌剂倒入容器中，加水调成糊状，将种子放入拌匀，一般种子和根瘤菌剂的接种比例为16 ： 1，接种后的种子要在12h内播种（图5-4、图5-5）。

图5-4 紫云英拌种根瘤菌

图5-5　紫云英拌种根瘤菌效果

3. 稻草—绿肥协同利用技术

稻草—绿肥协同利用技术关键是在水稻收割前15 ~ 20d稻底套播冬绿肥（紫云英、苕子等），收割水稻时稻草留茬40cm，稻草全量还田。水稻留高茬及稻草还田为绿肥幼苗提供庇护，保温保墒，并为紫云英或苕子根瘤菌提供碳源；紫云英或苕子长高后可掩盖稻草，加速稻草腐解（图5-6、图5-7）。该技

图5-6　稻草高留茬种植紫云英

图5-7　稻草高留茬种植苕子

术兼顾绿肥作物生产利用与稻草还田的优点，绿肥氮与稻草碳形成互济效应，有利于创造良好的土壤微生物环境，增强了绿肥氮和秸秆碳对水稻供肥和土壤培肥的协同性。

4. 绿肥混播技术

为充分利用空间和光热资源，紫云英可与十字花科油菜、茹菜等作物“两花”混播或“三花”混播，形成绿肥作物高低搭配，实现绿肥种植的多样性，从而抑制杂草，提高绿肥鲜草产量（图5-8、图5-9）。此外，紫云英植株含氮量高，含磷、钾、木质素和纤维素低，植株分解快；油菜和茹菜含磷量高，含木质素和纤维素比紫云英高，分解比紫云英慢。因此，紫云英与油菜或茹菜混播有利于绿肥氮、磷、钾等营养元素的比例平衡，缓解绿肥的快速分解，避免水稻前期徒长，起到培肥土壤的作用。而且在广西，紫云英用种以外调为主，价格偏高，采用混播模式，可以节省紫云英播种量，解决种子不足的问题。

图5-8　紫云英与油菜混播

图5-9　紫云英与茹菜混播

5. 开沟防渍技术

由于绿肥（紫云英、苕子等）越冬期地上部生长缓慢，主要是地下根系继续生长，其根系生长受到土壤温度和水分的制约，因此，开沟排水是实现绿肥高产的重要措施。水稻收割后机械开沟，每隔10 ～ 15m开1条直沟，形成“十”字沟或“井”字沟；沟宽30cm左右，沟深至犁底层，达到“下雨不积水，雨后水断流”的目的，从而防止雨渍水淹（图5-10、图5-11）。

图5-10　水稻收获后开沟

图5-11　开沟后绿肥生长效果

6. 以肥养肥技术

磷是核酸、蛋白质、磷脂和酶的重要组成部分，是光合作用，光合产物的运输、转化，以及氮代谢不可缺少的元素，也是根瘤发育的重要营养元素和多种酶的重要成分。磷素不足的情况下，植株矮小、叶色暗绿、结瘤迟、数目少、固氮能力差。因此，施用磷肥可提高豆科绿肥（紫云英、苕子）的产草量和根瘤菌的固氮能力，增加土壤有机质和氮素，实现“以磷增氮”的目的。一般在水稻收割后或紫云英二叶期施用钙镁磷肥或过磷酸钙，每公顷施用量以225 ~ 300kg为宜。

豆科绿肥（紫云英、苕子）依靠根瘤菌可以固定空气中游离的氮素供其应用，但并不能由此认为可以不施氮肥。在根瘤菌开始固氮前，根瘤菌不仅不能给豆科绿肥固氮，而且还会从绿肥作物吸收氮素，如果氮素不足，就会出现“氮素饥饿期”，造成幼苗生长缓慢，叶片逐渐变黄。因此，在缺氮的土壤，通过施用少量氮肥，可以促进根瘤的发育和根系的生长，从而缩短植株的“氮素饥饿期”。此外，春后气温升高后，绿肥作物会进入旺长期，茎叶迅速生长，此时植株需要大量的氮素，而根瘤固定的氮素往往难以满足其需求，所以适时补充少量氮肥可以提高豆科绿肥的鲜草产量，实现“以小肥换大肥”的目的。一般在开春后施用尿素，每公顷施用量以30 ~ 60kg为宜。

7. 病虫害防控技术

以稻田主要绿肥作物紫云英为例，其主要病害有菌核病、白粉病、轮斑病，主要虫害有蚜虫、蓟马、潜叶蝇等。

菌核病主要以菌核混在种子中传播，田间排水不良，湿度较大的情况下，菌核病易发生。菌核病主要为害紫云英的茎秆和叶片，苗期在近地面的基部发生，病斑呈紫红色，开始为小型病斑，后扩展成水渍状，严重时幼苗软腐而萎倒，并长成白色菌丝，在田间形成大小不等的窟窿状病穴；菌丝布满腐烂的紫云英后约7d结成团，形成菌核，先是白色，后是黑色，像老鼠屎（图5-12）。播种前选取无病、健康的种子，或用10%的盐水汰选种子，以去除菌核和瘪粒；播种后，田间及时开沟，降低田间湿度，以减少菌核病的发生；发病早期，可选择25%咪鲜胺乳油30 ~ 50mL，或70%甲基硫菌灵（甲基托布津）可湿性粉剂500 ~ 1 500倍液喷雾防治。

白粉病寄主广泛，互为菌源，以分生孢子借风传播，造成初次和再次侵染。发病时，最初在紫云英叶片表面上零星出现小斑点，后逐渐向四周扩散形成一层白粉，为白粉病的分生孢子和菌丝。该病在积水田、多雨阴冷气候及紫云英生长旺盛茂密处发病早，蔓延快，病叶严重受害后逐渐卷缩枯萎，严重时造成落花及果荚变小变瘪（图5-13）。发病初期，可选择15%三唑酮（粉锈宁）1 500倍液喷雾防治。

图5-12　紫云英菌核病

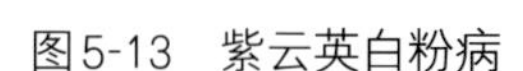
图5-13　紫云英白粉病

轮斑病又称斑点病，在整个生育期均能发病，对种子生产影响较大。以分生孢子在病部越冬，多雨季节，田间湿度大时易传播。初次发病时，叶片上呈现针头状的褐色斑点，后慢慢出现淡褐色的圆形或不规则形病斑，有时斑点内稍带轮纹，斑点的边缘带淡紫褐色，中部产生暗灰色霉斑。受害严重时，叶片萎蔫枯死；茎部或花梗处的病斑为红褐色或茶褐色窄条状梭形斑，表皮枯死，严重时全茎枯死。发病严重时，结合菌核病的防治方法，喷施甲基托布津或多菌灵。

蚜虫主要为苜蓿蚜，当气候干旱和气温适宜时，蚜虫群聚在紫云英顶芽嫩叶上为害，导致植株生长萎缩停止。在连续天晴5d的情况下，蚜虫繁殖可增长5 ～ 10倍；连续晴7d，可增长100倍。因此，要提早防治，每公顷可用25%的辟蚜雾300g兑水750kg喷雾防治。

蓟马受气候和食料影响较大，当气温上升到20 ～ 23℃、相对湿度75%左右时，繁殖最快。蓟马若虫和成虫均是锉吸式口器，能锉伤植物组织，吸食汁液，主要为害花器，造成花朵脱落。可用50%辛硫磷、10%吡虫啉可湿性粉剂或30%灭多威1 500 ～ 2 000倍液、25%辟蚜雾2 500倍液、1.8%阿维菌素1 000 ～ 2 000倍液、90%敌百虫1 000 ～ 1 500倍液喷雾防治。

潜叶蝇是多食性害虫，幼虫潜伏在紫云英叶片内取食叶肉，随着取食的进展，在叶片表皮下留下弯曲的白色潜道，沿途尚留有细碎的粪粒。一般在紫云英生育的中后期为害严重。虫害严重时，留种田成片枯焦，结荚减少，籽粒不饱满，从而影响种子的产量和质量。防治应选择内吸性药剂，可用40%乐果乳油2 000倍液，50%敌敌畏乳油1 000 ～ 1 500倍液，90%敌百虫1 000倍液等喷雾防治。

8. 翻压还田技术

在绿肥（紫云英、苕子等）盛花期翻压还田。过早翻压，鲜草过嫩，产量低；过迟翻压，鲜草中纤维素、木质素增多，不利于腐解。翻压方式可采用干耕法和水耕法。在机械化程度高的地方可采用干耕法，耕深15 ～ 20cm，后晒田2 ～ 3d，再灌水耙田，此方式翻压土温较高，好氧性微生物活动剧烈，腐解较快，可减轻水稻秧苗期因紫云英分解产生的有害物质而导致的僵苗（图5-14）。水耕法是在翻压前灌入一层浅水，保证翻压后田面有1 ～ 2cm的水层。此方法翻压土温较低，腐解较慢，肥效稳长，同时节省了燃油和机械成本。但该方法翻压后易产生还原性物质，对秧苗产生毒害。因此，在翻耕时施用石灰，以消除紫云英腐解过程中产生的还原性物质，同时在翻压至插秧之间留15d左右的间隔，以防止水稻僵苗的发生（图5-15 ～图5-17）。

图5-14　绿肥干耕翻压

图5-15　绿肥水耕翻压

图5-16　绿肥水耕翻压前

图5-17　绿肥水耕翻压后

二、稻田绿肥机械化生产技术

近年来，随着稻田绿肥种植规模的不断扩大，繁重的体力劳动与农村劳动力短缺的矛盾日益突出，迫切需要提高稻田绿肥机械化作业水平。稻田绿肥机械化生产技术因绿肥品种、种植区域、利用方式不同而有所区别，主要包括播种、开沟、翻压、种子收获、种子加工、种子仓储等环节。

1. 绿肥机械化播种

稻田绿肥机械化播种主要有手摇撒播、机动喷播、无人机飞播、旋耕播种施肥一体机等方式。

（1）手摇撒播

手摇式撒播机：使用过程中可通过调节"S"形门扣增加或缩小滑门大小，以增加或减少播种量。机身重1.5kg，盛种量15kg，播撒宽度3 ～ 7m。该机适合播撒颗粒状种子及化肥，操作简便，相比人工直接撒播生产效率高，但因需人工背负，所需劳动强度大，主要适用于小型田块作业（图5-18）。

图5-18　手摇式撒播机

（2）机动喷播

人工背负式机动喷播机：该机配有26L容量种箱，叶轮采用铝合金动平衡设计，喷射距离可达12m，一机多用，既可用于播种，也可用于施肥、喷药，该机相比手摇撒播机喷射距离远，生产效率高。由于机身较重，噪音振动也较大，特别是在水稻收获前播种作业劳动强度大，不利于人工长时间连续作业，因此该机具只适于中小田块作业（图5-19）。

图5-19　人工背负式机动喷播机及田间作业情况

（3）无人机飞播

为解决稻田前茬作物收获前地面机械难以进入田块以及丘陵山地等区域的绿肥机械化播种难的问题，可采用无人机飞播方式。农业农村部南京农业机械化研究所研制的离心式智能无人机绿肥撒播装置，主要由四旋翼无人机、手持遥控器、电池组件和撒播装置等组成，载种量可达10kg，飞行速度为6～8m/s，有效幅宽为5m。无人机还配备有喷药装置，可用于喷洒农药，提高了无人机的利用率，降低了生产成本（图5-20）。

图5-20　无人机飞播装置及田间作业情况

播种时，遥控器操纵四旋翼无人机起飞，无人机旋翼产生的高速气流将离心式撒播装置携带至作业高度，棱锥型种箱里的绿肥种子颗粒经定量排种组件传输后从落料口落入到离心甩盘上，被依次到达的推种板拍击撒播出去，作业过程中，根据无人机前进的速度和高度实时调整调速电机的转速及离心甩盘的转速，以此调整种子颗粒的亩撒播量和撒播幅宽。

（4）旋耕播种施肥一体机

水稻收获后的稻田播种绿肥时，可采用旋耕播种施肥一体机。该机器作业时，先用旋耕部件将稻茬粉碎，便于绿肥种子与土壤充分接触，后进行播种、施肥联合作业，具有播种均匀，生产率高的优点。播种时，根据绿肥品种的播种量，调整好排种器排种轮位置参数，再利用播种调速组件使绿肥种子经输种管进入匀播机构，经匀播机构作用后均匀撒播到地表上，完成播种作业（图5-21）。

图5-21　旋耕播种施肥一体机田间作业

2. 田间机械开沟

绿肥作物（紫云英、苕子等）性喜湿润的土壤，但忌田间积水，因此，在生产上要做好排水沟。现有的稻田绿肥开沟机具主要有手扶开沟机、单圆盘开沟机、双圆盘开沟机、旋耕开沟机、播种开沟一体机等类型。

（1）手扶开沟机

手扶开沟机开沟深度10 ~ 20cm，配套动力≥11.19kW。该机具结构简单，适合丘陵山地小田块开沟作业。缺点是开沟方向和深度难以控制，效率低，操作劳动强度大，且在湿度大的田块开沟效果差（图5-22）。

图5-22　手扶开沟机及田间作业情况

（2）单圆盘开沟机

单圆盘开沟机开沟深度25～30cm，开沟宽度20～25cm，配套动力≥29.83kW。适应湿度大、秸秆多的田块，开沟沟型规整，可开窄沟（图5-23）。

图5-23　单圆盘开沟机及田间作业情况

（3）双圆盘开沟机

双圆盘开沟机开沟深度25～30cm，开沟宽度20～30cm，配套动力≥29.83kW。开沟作业田块适应性高，具有沟型规整、抛土均匀的特点（图5-24）。

图5-24　双圆盘开沟机及田间作业情况

（4）旋耕开沟机

旋耕开沟机开沟深度20 ~ 25cm，开沟宽度20 ~ 30cm，配套动力≥44.74kW。适应水分低、秸秆多的田块，开沟垫条易清理（图5-25）。

图5-25　旋耕开沟机及其田间作业情况

（5）播种开沟一体机

为解决机收水稻地留茬对稻田绿肥机械化生产的影响，针对目前绿肥播种、开沟环节独立作业时存在的作业质量不高、生产效率低的问题，农业农村部南京农业机械化研究所研制了适用于机收水稻留茬地的播种开沟一体机。该机主要由撒播部件和单圆盘开沟部件组成，可满足水稻收获后高留茬稻田的绿肥播种开沟一体化作业。该机作业性能指标为：作业幅宽2m，撒播均匀性变异系数＜10%，开沟深度为20 ~ 24cm，开沟宽度平均值为30 ~ 32cm，开沟宽度、深度变异系数均小于8%，生产效率为0.8 ~ 1.0hm^2/h（图5-26）。

图5-26　播种开沟一体机及田间作业情况

3. 绿肥翻压机

稻田绿肥翻压是绿色植物转换为绿肥的关键生产环节，根据田块大小和机械设备，可选择手扶绿肥旋耕机、绿肥埋切翻压联合作业机、绿肥粉碎翻压复式作业机。

（1）手扶绿肥旋耕机

手扶绿肥旋耕机的旋耕翻压深度10 ～ 20cm，配套动力≥11.19kW。该机结构简单，适合丘陵山地小田块翻压作业，但效率低、操作劳动强度大（图5-27）。

图5-27　手扶绿肥旋耕机田间作业情况

（2）绿肥埋切翻压联合作业机

在稻田绿肥规模化种植区，为实现高效、低耗的机械化翻压，基于前端埋切后端翻压的结构配置思路，农业农村部南京农业机械化研究所研发了无动力输入的绿肥埋切翻压组合作业机。该机主要由辊筒组件、支撑组件、前悬挂连接组件、栅条式翻转犁等部件组成。该机作业性能指标：土垡破碎率＞85%，翻压覆盖率＞95%，茎秆切断长度合格率＞90%，生产效率0.6 ~ 1.2hm^2/h（图5-28）。

图5-28　绿肥埋切翻压联合作业机及田间作业情况

（3）绿肥粉碎翻压复式作业机

为实现稻田绿肥高效低能耗、小耕深和高覆盖率的翻压，农业农村部南京农业机械化研究所研发设计了集灭茬、粉碎和旋耕翻压功能为一体的绿肥粉碎翻压复式作业机。该机主要由灭茬粉碎装置、旋耕翻压组件、液压提升组件以及动力镇压组件等组成，适合稻田绿肥干耕翻压或覆水翻压等不同翻压作业要求（图5-29）。该机作业性能指标：绿肥翻压深度≥150mm，绿肥翻压覆盖率＞90%，绿肥粉碎长度合格率＞80%，生产效率为0.6 ～ 1.0hm^2/h。适应于大型农场或合作社，具有很好的推广应用价值。

图5-29　绿肥粉碎翻压复式作业机及田间作业情况

4. 种子收获

目前，稻田绿肥种子收获主要包括人工收获和机械收获。以紫云英为例，人工收获费时费力，损耗高；机械收获可通过改造传统水稻联合收获机，收获紫云英种子，既可收获水稻，又可兼收绿肥种子，从而提高机器的利用率（图5-30）。

图5-30　紫云英种子联合收获机收获现场

5. 种子加工

我国稻田绿肥种类较多，绿肥专用种子加工设备很少，紫云英等稻田绿肥种子生产加工可利用现有的谷物成套种子加工生产线，完成清选、干燥、包衣等环节（图5-31）。

图5-31　成套种子加工生产线

(1) 种子清选

由于绿肥种子的品质存在差异，在没有清选前存在各种杂质，需进行清选和分级，种子清选时先通过分离器将种子和杂质分离，然后根据种子的大小、重力进行分类，可选择风筛式清选机（图5-32）、重力式清选机（图5-33）或圆筒式筛分机（图5-34）对绿肥种子进行清选分级。

图5-32 风筛式清选机

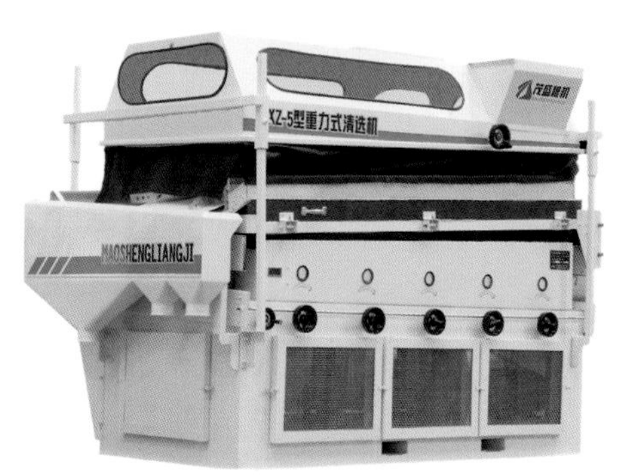

图5-33 重力式清选机

图5-34 圆筒式筛分机

(2) 种子干燥

自然干燥法是干燥绿肥种子的常用方法，该方法是将绿肥种子摊开在通风有阳光的区域晾晒，在晾晒过程中应注意晒场的清洁卫生，做到薄摊勤翻，适时入仓，该方法经济安全，但只适合少量种子的干燥处理。对于大批量的种子，可采用机械化干燥设备进行干燥处理，以达到快速、批量处理绿肥种子的目的（图5-35）。

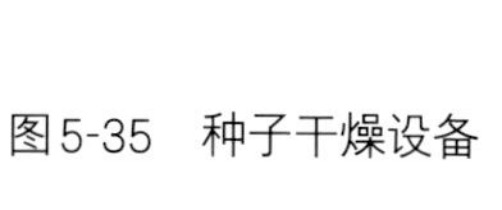

图5-35 种子干燥设备

(3) 种子包衣

一些绿肥种子可通过包衣提高发芽率，防控病虫害。包衣时，将特定的包衣剂喷洒到清选后的种子上，搅拌后将种子包裹起来，从而在种子表面形成均匀的药膜。播种后，包衣遇雨水溶解，从而利于绿肥种子的发芽（图5-36）。

图5-36　种子包衣机

6. 种子仓储

种子仓储技术直接关系到种子质量的好坏，绿肥种子仓储时，需要满足温度、湿度、通气等条件，达不到安全水分的种子不能入库。在进行真空包装时，应注意种子的含水量和洁净度，确保种子在仓储和运输中不会变质，同时保证种子的质量和活力。此外，为了确保种子在仓储过程中的安全性，应注意种子的堆码方式。仓储种子按品种批次分类堆放，挂牌标识清晰可见，不同品种间距离50cm，不同批次间距离50cm，堆垛距墙50cm，距柱20cm，既要充分利用仓库的容量，又要确保通风（图5-37）。

图5-37　种子仓储车间

三、“稻—鱼—绿肥”周年循环技术

1.“稻—萍—鱼”立体种养技术

将水生绿肥红萍引入生态链，以红萍固氮、萍藻喂鱼、鱼粪肥田为主线，实现水稻、红萍、鱼的有机结合，形成“稻—萍—鱼”立体种养技术，提高稻田综合效益，促进稻田农业生态的良性发展（图5-38 ~图5-44）。

图5-38　坑沟式稻田养鱼

图5-39　鱼沟

图5-40　鱼溜

图5-41　放养鱼苗

图5-42　稻萍鱼共生

图5-44　收鱼

图5-43　收稻

2、"稻—鱼—冬绿肥"周年循环模式

"稻—鱼—冬绿肥"技术模式是在水稻种植期，稻鱼共作，达到"稻鱼互促，绿色生态，一水两用，一地两收"的目的；水稻收获后，充分利用冬闲田种植绿肥，起到培肥地力，达到水稻化肥减施的目的，实现土地用养结合，促进农业可持续发展（图5-45、图5-46）。

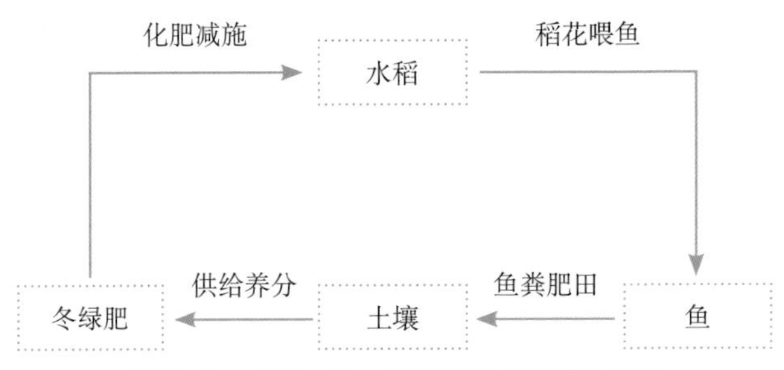

图5-45 "稻—鱼—冬绿肥"技术模式图

图5-46 稻鱼共作区冬闲田种植绿肥

第二节　果园绿肥应用技术

一、果园种植冬季绿肥技术

充分利用果园行间空地，以轻简栽培为目标，优选冬季绿肥（紫云英、苕子、多年生黑麦草等），形成果园冬种绿肥—春季鲜草覆盖—夏季枯草覆盖—秋季自然生发的绿肥轻简栽培技术，实现了一次播种，多年利用的目的。该技术要点为：10—12月选择阴雨天气，在果园免耕撒播绿肥后发芽出苗，次年3月形成鲜草覆盖，5—6月开花落籽，待9—11月天气适宜时自然生芽（图5-47 ～图5-54）。

以柑橘园种植冬绿肥为例，介绍果园种植冬季绿肥技术。

1. 绿肥播种

播种量紫云英、黑麦草以15 ～ 30 kg/hm^2为宜，光叶苕子以22.5 ～ 30.0kg/hm^2为宜。在10月中旬至11月上旬阴雨天气播种，在距柑橘树滴水线10cm处撒播。

2. 绿肥利用

绿肥自然枯萎覆盖：头年秋、冬季播种豆科绿肥，翌年春、夏开花结实后，自然枯萎覆盖于行间，落地的种子在9月前后自然发芽生长，形成循环方式。

绿肥刈割覆盖或者翻压还园：3—4月，将绿肥刈割或压切后覆盖于果树树盘及行间，或者结合柑橘春季施肥将绿肥翻压于施肥沟或者行间，绿肥养分降解后可作为柑橘树的优质有机肥源。

3. 柑橘园养分管理技术

种植冬绿肥的柑橘园，化学氮肥用量可减少10%～ 20%。柑橘园氮、磷、钾养分比例1 ：（0.3 ～ 0.5） ：（0.7 ～ 1.0）为宜，分春、夏、秋3次施用，每次施肥采用条沟或穴施，施肥深度10 ～ 30cm。

图5-47　果园—绿肥循环轻简栽培技术图

图5-48　柑橘园种植紫云英

图5-49　柑橘园种植苕子

图5-50　柑橘园种植黑麦草

图5-51　芒果园种植苕子

图5-52　荔枝园种植苕子

图5-53　火龙果园种植苕子

图5-54　火龙果园种植黑麦草

二、果园种植夏季绿肥技术

在果园行间空地种植夏季肥粮兼用绿肥（绿豆、黑豆、印度豇豆等），协调粮肥用地矛盾，实现一肥多能、土地用养结合的目的（图5-55 ～图5-57）。

以柑橘园种植夏季绿肥为例，其生产与利用技术要点如下。

1. 绿肥播种

选择鲜草产量高、植株矮、适应性强的绿肥品种（绿豆、黑豆、印度豇豆），一般以当地日平均气温15℃左右时播种较为合适，在3月下旬至7月上旬，主要以点播方式播种。绿豆每穴3 ～ 5粒，深度3 ～ 4cm，按行距20 ～ 30cm、穴距15 ～ 20cm在柑橘行间点播，其中边行绿豆距相邻的柑橘行35cm；黑豆、印度豇豆每穴3 ～ 4粒，深度4 ～ 5cm，按行距30 ～ 40cm、穴距20 ～ 30cm在柑橘行间点播，其中边行黑豆或印度豇豆距相邻的柑橘50cm。一次性施底肥，一般不再追肥，施肥量视土壤肥力而定。

2. 绿肥利用

作为绿肥利用，宜在盛花期全部翻压还田。一般采摘豆荚2 ～ 3次或收获所有成熟豆荚后，将茎叶覆盖在地表或将其直接翻压还田，翻压30d即可有较高的养分利用率。茎叶覆盖有利于降低土壤温度，抑制杂草，优化柑橘园小气候；翻压有利于增加土壤有机质，培肥增效。

图5-55　柑橘园种植黑豆

图5-56　荔枝园种植绿豆

图5-57　柑橘园种植印度豇豆

三、果园种植多年生绿肥技术

在果园行间空地种植多年生绿肥（拉巴豆、柱花草、圆叶决明等），通过多次刈割，调控绿肥生命周期，刈割后的鲜草可以直接覆盖还田，起到培肥地力、抑制杂草、改善果园微环境的目的（图5-58 ～图5-61）。

以柑橘园种植柱花草为例，其生产与利用技术要点如下。

1. 绿肥播种

柱花草播种量以6 ~ 15kg/hm^{2}为宜。柱花草种子硬实率较高，播前用擦破种皮法或热水浸泡法处理，再拌根瘤菌剂后用细沙或细土混合即可播种。柱花草的播种时间很关键，一般以当地日平均气温20℃左右播种较为适宜。在柑橘园播种方式以条播为宜，播种深度1.5 ~ 2.0cm，行距30 ~ 40cm，播后覆土。一次性施底肥，一般不再追肥，施肥量视土壤肥力而定。

2. 绿肥利用

绿肥刈割：在始花期刈割，第一次刈割时留茬5cm左右，过高或过低都会影响再生芽的生长，妨碍后期长势。第二次以后刈割时留高茬15cm左右，以使较多的鲜草可以用作绿肥。

绿肥翻压：一般选择在柑橘需肥前30d左右翻压茎叶，翻埋深度为15 ~ 20cm，以绿肥体不外露土面为准，能减少操作过程中养分损失。

以荔枝园种植拉巴豆为例，其生产与利用技术要点如下。

1. 绿肥播种

地温稳定在14℃以上即可播种，春播宜在3月下旬至4月上旬，夏播宜在8月下旬。在荔枝树行间以条播为宜，播种深度1.5 ~ 2.0cm，行距40 ~ 50cm，播后覆土。播前每亩施33 ~ 40kg过磷酸钙作基肥。

2. 绿肥利用

绿肥刈割：在现蕾期刈割，每次刈割时留茬20 cm左右。刈割后每亩追施钙镁磷肥5 ~ 10kg。

绿肥翻压：先用秸秆还田机将植株打碎，然后用旋耕机翻压，翻压深度为15 ~ 20cm。

图5-58　荔枝园种植拉巴豆

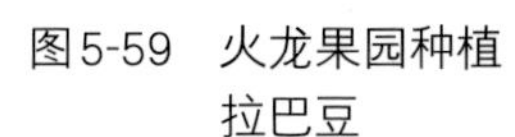
图5-59　火龙果园种植拉巴豆

图5-60　柑橘园种植柱花草

图5-61　柑橘园种植圆叶决明

四、果园—绿肥—家禽立体种养技术

充分利用果园的时空优势，将绿肥引入生态链，以种植绿肥作物、饲养家禽和清洁优质果品为手段，以绿肥培肥地力，养禽控草，抑制虫害，禽粪还田为主线，以调控橘园生态环境和减施化肥与农药为目标，建立果园—绿肥—家禽立体种养模式，提升果园综合经济和生态效益，实现了种养结合的双丰收(图5-62、图5-63)。

以柑橘—绿肥—家禽立体种养为例，其生产与利用技术要点如下。

1. 绿肥品种

选择培肥土壤、不与果树争水肥、适宜家禽食用的绿肥品种，以黑麦草为宜。

2. 家禽品种

选择适应性广，抗病抗逆能力强，采食能力强的地方鸡苗、鹅苗或杂交鸡苗、鹅苗。

3. 绿肥播种

黑麦草播种量以15 ~ 30kg/hm^{2}为宜，在10月中旬至12月上旬阴雨天气播种，在距柑橘树滴水线10cm处条播，覆土。

图5-62　柑橘—绿肥—鸡立体种养

4. 家禽管理

在近水源处建立简易禽舍，割刈黑麦草切碎配合饲料喂食家禽；待雏禽长至6～8周龄后在柑橘园分片区放养，以保障黑麦草继续生长。

5. 后期管理

黑麦草到5月陆续枯萎，后期补充家禽饲料。家禽散养于柑橘园起到抑制杂草的作用。

图5-63 柑橘—绿肥—鹅立体种养

第三节 经济作物间作/轮作绿肥技术

一、茶园间作绿肥技术

我国茶园利用绿肥历史悠久，早在唐朝韩鄂编撰的《四时纂要》中记载“强任生草不得耘……一、二年后方可耘治”，“生草”的目的是“以草护茶”“以草保土”“以草肥园”。茶园种植绿肥时，应充分考虑茶园环境、茶农采茶习惯，在茶园间作易栽培和耐践踏的苕子、箭筈豌豆、紫云英、三叶草、黑麦草等绿肥作物（图5-64～图5-67）。

茶园间作绿肥其生产与利用技术要点如下。

1. 绿肥播种

紫云英、黑麦草播种量以15kg/hm^{2}为宜，光叶苕子以22.5kg/hm^{2}为宜，箭筈豌豆播种量以30kg/hm^{2}为宜。于10月中旬至11月上旬阴雨天气时，在茶园行间撒播。

2. 绿肥利用

绿肥自然枯萎覆盖：头年秋、冬季播种豆科绿肥，翌年春、夏开花结实后，自然枯萎覆盖于行间，落地的种子在9月前后自然发芽生长，形成循环方式。

绿肥翻压还园：3—4月，采用小型机械将绿肥翻压还田于茶园行间，绿肥养分降解后培肥地力。

图5-64 茶园间作苕子

图5-65 茶园间作黑麦草

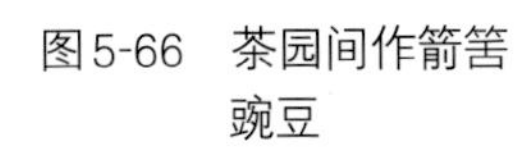
图5-66　茶园间作箭筈豌豆

图5-67　茶园间作紫云英

二、甘蔗间作绿肥技术

甘蔗是种植行距比较宽的作物，行距一般为120cm，不同季节种植的甘蔗封行需要3个月（春植）至8个月（秋植）时间，封行前蔗行裸露，蔗苗对光照、水分、养分需求量不高，造成资源的浪费。甘蔗间作肥粮兼用的绿豆，既可充分利用土地资源，提高土地当量比，减少氮肥施用，又可增加小杂粮的收入（图5-68）。

甘蔗间作绿肥的生产与利用技术要点如下。

1. 绿肥播种

绿肥品种可选用肥粮兼用绿豆。新植蔗出芽10%以上，气温稳定在15℃时即可播种；宿根蔗，当气温稳定在15℃时即可播种。蔗行与绿豆行距离40 ～ 45cm，绿豆行间距30 ～ 40cm；绿豆穴距为20cm，每穴点播2 ～ 3粒。

2. 绿肥利用

甘蔗生长速度较慢的，可在70%～ 80%的绿豆豆荚成熟后先采收绿豆；作绿肥用时，在甘蔗大培土期将绿豆茎叶翻压还田。

图5-68　甘蔗间作绿豆

三、剑麻间作绿肥技术

充分利用剑麻的行间空地，间作夏季豆科绿肥（绿豆、黑豆等）或冬季豆科绿肥（箭筈豌豆、三叶草等），配合麻渣还田，起到培肥地力、化肥减施的目的（图5-69、图5-70）。

图5-69　剑麻间作黑豆

图5-70　剑麻间作绿豆

剑麻间作绿肥其生产与利用技术要点如下。

1. 绿肥播种

绿肥品种可选用肥粮兼用绿豆、黑豆。3—5月均可播种，在剑麻行间穴播，绿豆或黑豆每穴2 ～ 3粒，深度3 ～ 4cm，行距20 ～ 30cm，其中边行绿豆或黑豆距相邻的剑麻30 ～ 50cm。

2. 绿肥利用

可在70% ~ 80%的绿豆或黑豆豆荚成熟后开始采收豆荚；作绿肥用时，采用小型机械将绿肥翻压于剑麻行间，翻压深度为15 ～ 20cm。

四、烟草—绿肥轮作技术

利用烟田冬闲季节种植绿肥（箭筈豌豆、苕子等），植烟前配合整地起垄将绿肥翻压入土壤，起到改良土壤和提升烟叶品质的双重目的（图5-71、图5-72）。

1. 绿肥播种

烟田冬闲季节种植的绿肥品种，可选用光叶苕子、箭筈豌豆等。在前茬作物收获后于10—12月撒播。光叶苕子、箭筈豌豆播种量分别为22.5 ～ 30.0kg/hm^2、30 ～ 45kg/hm^2。

图5-71　绿肥种植

图5-72　烟草种植

2. 绿肥利用

在绿肥盛花期，烟草种植前20 ～ 30d，利用旋耕机将绿肥翻压还田，翻压深度为15 ～ 20cm，后期烟草可减少20%的化肥施用量。

第四节　夏闲田利用技术

在夏季闲田及新垦土地上种植抗逆性强、生长快、覆盖性好的绿肥作物（田菁、拉巴豆、猫豆等），形成生草覆盖层，并适时翻压，起到改良土壤的目的（图5-73 ～图5-76）。

1. 田菁生产与利用技术要点

播种期：4月初至5月底为最佳播种期。

种子处理：用3倍于种子体积的温水（60℃）浸种1 ～ 2h，自然冷却，打破部分种子硬实。

播种：播种量以15 ～ 45kg/hm^{2}为宜，推荐条播。均匀地播成长条，行距50cm，播后覆土2 ～ 3cm。

翻压还田：生长至1.5 ～ 2.0m，即可刈割翻压（通过折断茎秆，查看茎秆是否木质化），先用秸秆还田机将植株打碎，然后用旋耕机翻压，翻压深度为15 ～ 20cm。如果不及时翻压，茎秆较粗，会出现木质化。

2. 拉巴豆和猫豆生产与利用技术要点

播种期：地温稳定在14℃以上即可播种。春播宜在3月下旬至4月上旬，夏播宜在8月下旬。

播种量：播种量以30 ～ 60kg/hm^2为宜，推荐条播。均匀地播成长条，行距50cm，播后覆土2 ～ 3cm。

翻压还田：还田时期宜为现蕾期，还田量宜为22 500 ～ 30 000kg/hm^2。先用秸秆还田机将植株打碎，然后用旋耕机翻压，翻压深度为15 ～ 20cm。

图5-73　夏闲田种植田菁

图5-74　夏闲田种植田菁翻压还田

图5-75　夏闲田种植拉巴豆

图5-76　夏闲田种植猫豆

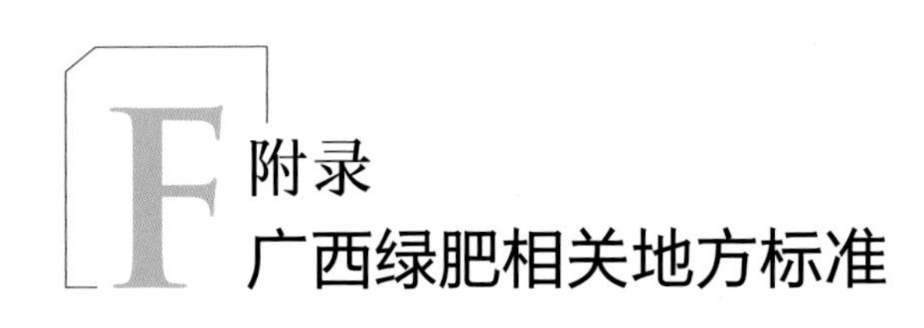

粮肥兼用绿豆栽培技术规程

（DB45/T 993—2014）

1 范围

本规程规定了广西粮肥兼用绿豆高产栽培、利用、留种等技术要求。

本规程适用于广西旱地粮肥兼用绿豆栽培与利用。

2 规范性引用文件

下列内容对于本文件的应用是必不可少的。凡是注日期的引用文件，仅所注日期的版本适用于本文件。凡是不注日期的引用文件，其最新版本（包括所有的修改单）适用于本文件。

GB 4404.2—2010 粮食作物种子 豆类。

GB/T 3543—1995 农作物种子检验规程。

GB 20464—2006 农作物种子标签通则。

NY 5332—2006 无公害食品 大田作物产地环境技术条件

GB 4285—89 农药安全使用标准

NY/T 1276—2007 农药安全使用规范总则

3 术语与定语

下列术语和定义适用于本规程。

3.1 粮肥兼用绿豆

蝶形花亚科菜豆族豇豆属，一年生草本自花授粉植物，既可作绿肥，又可在花荚期内采摘1 ～ 2次豆荚后作绿肥。

3.2　根瘤

土壤中的根瘤菌侵入植物根部皮层细胞，产生胞外黏液，促进植物根毛细胞异常增生，致使豆科植物根部膨大，形成瘤状突起。

3.3　翻压还田

翻压还田：在绿肥收获后直接翻入土中。

3.4　覆盖还田

覆盖还田：绿肥刈割后直接铺盖于土壤表面。

4　生产技术

4.1　种子质量

种子纯度≥96%、净度≥99%、发芽率≥85%、含水量≤13%。

4.2　整地

播前应整好土地，使土壤疏松平整，表土平整。

4.3　基肥

施肥根据土壤肥力而定。肥力中等以上田块可不施肥，如土壤肥力较低，每667m^2可施20 ～ 25kg过磷酸钙作基肥。

4.4　种子处理

4.4.1　晒种

选择晴天下午，在阳光下晒种4 ～ 6h。

4.4.2　选种

用5%～ 10%的盐水清选种子。清除病粒、秕粒、小粒及破粒种子。选用新鲜、成熟度一致、饱满的籽粒作为种子。

4.4.3　浸种

用50 ～ 60℃温水浸种。浸种4 ～ 8h后捞出，用清水洗净种子，置阴凉处沥干水分，催芽至种子露白后供播种使用。在土壤干旱情况下，不宜浸种。

4.4.4　接种

用专用根瘤菌拌种。将菌剂放在清洁地板或容器内，加入适量清洁水，调成糊状，把种子放入拌匀，晾干即可进行播种，当天拌种当天播完，切忌与农药混用。

4.5　播种

4.5.1　播种期

一般地温稳定在14℃以上即可播种，春播在3月下旬至4月上旬播种最为适宜。夏播在6月下旬。

4.5.2 播种量

条播每667m^{2}播种量1.5 ~ 2.0kg，撒播每667m^{2}播种量2 ~ 4kg，间作套种视实际种植面积而定。

4.5.3 种植模式

绿豆忌连作，在播种时避免重茬。根据当地实际情况，选择适宜的种植方式，可选择单作和间作套作。单作包括单种、轮作和复种。如：油菜—绿豆、西瓜—绿豆等。间作套作包括间作、套种和混种。如：绿豆—甘蔗、绿豆—木薯、绿豆—香蕉、绿豆—玉米、绿豆—幼林果园等间作套作模式。

4.5.4 播种方法

可条播、穴播、撒播。一般播深2 ~ 4cm，墒情差的地块可播深至3 ~ 5cm。穴播适合间作、套作和零星种植，每穴3 ~ 5粒，行距40 ~ 50cm，穴距10 ~ 20cm。单作密度每667m^{2}控制在8 000 ~ 12 000株。间套作密度每667m^{2}控制在4 000 ~ 5 000株。

4.6 田间管理

4.6.1 补苗、间苗、定苗

出苗后要及时观察，如有缺苗应及时进行补种。第一片复叶展开后及时间苗，在第二片复叶展开后进行定苗。按既定的密度要求操作管理，去弱苗、病苗、小苗、杂苗，留壮苗、大苗。

4.6.2 中耕

全生育期可中耕1 ~ 2次，一般在第一片复叶展开后结合间苗进行1次浅锄；第二片复叶展开后，进行第二次中耕；分枝期进行第三次深中耕培土防倒伏。

4.6.3 排溉

田块要求排灌自如，做到旱能灌、渍能排。三叶期以后需水量逐渐增加，现蕾期为绿豆的需水临界期，花荚期达到需水高峰。若雨水较多应及时排涝。

4.6.4 施肥

适量施肥。在苗期和花期行间开沟施肥，每667m^{2}施入复合肥10 ~ 30kg，花荚期叶面喷施浓度0.1% ~ 0.3%的钼酸铵、硫酸锌、磷酸二氢钾及尿素混合液。

4.7 病虫害防治

4.7.1 根腐病

播前可用75%的百菌清或50%的多菌灵可湿性粉剂，按种子量0.3%的比例拌种。发病初期可选用75%的百菌清可湿性粉剂600倍液或70%的甲基托布津可湿性粉剂1 000倍液喷施。

4.7.2　白粉病

发病初期可用75%百菌清可湿性粉剂600倍液或20%三唑酮乳油2 000倍液喷施。

4.7.3　地老虎

可用2.5%溴氰菊酯3 000倍液或50%辛硫磷乳剂1 500倍液灌根。

4.7.4　蚜虫

可用40%乐果乳剂1 000 ～ 1 500倍或50%马拉硫磷1 000倍喷洒。

4.7.5　豆野螟

可用2.5%敌杀死乳油150 ～ 225mL或50%辛硫磷150mL，每667m^{2}兑水50kg在现蕾分枝期和盛花期各喷1次，能起到良好的防治效果。

4.7.6　椿象

可选40%毒死蜱乳油100mL或48%乐斯本乳油80mL，每667m^{2}用兑水50kg进行防治。

5　利用

单作翻压入田利用方式主要有：全部作绿肥用，盛花期全部翻压作为绿肥用，绿肥效果最好；采摘豆荚1 ～ 2次后，绿色茎叶全部翻压入田；成熟期采摘全部豆荚后，翻压入田。一般翻压30d后能达到较高养分利用率。生产上可根据作物不同的生长阶段掌握具体的播种、翻压时间。对于绿豆—甘蔗、绿豆—木薯、绿豆—香蕉、绿豆—玉米、绿豆—幼林果园等间作套作模式，可以直接拔除植株后覆盖地表作绿肥，可充分利用田间隐蔽空间，对土壤起到保湿、抑草、肥田的目的。

6　留种

生育期内及时拔除劣株、杂株，以及其他杂草并带出田外。荚果70%～ 80%的呈浅黄色或黄褐色时选择晴天进行适时采收，晴天暴晒后采用脱粒机或用人工脱粒。脱粒后清除杂物，晒干扬净，为种子安全干燥和包装贮藏做好准备。种子由种子经营单位按《农作物种子检验规程》（GB/T 3543—1995）进行检验，标签按照《农作物种子标签通则》（GB 20464—2006）规定执行。

饲肥兼用拉巴豆栽培技术规程

（DB45/T 1560—2017）

1 范围

本规程规定了饲肥兼用拉巴豆的栽培、利用、留种等技术要求。

本规程适用于广西境内拉巴豆单作或间作套作的栽培与利用。

2 规范性引用文件

下列内容对于本文件的应用是必不可少的。凡是注日期的引用文件，仅所注日期的版本适用于本文件。凡是不注日期的引用文件，其最新版本（包括所有的修改单）适用于本文件。

GB/T 3543 农作物种子检验规程

3 术语和定义

下列术语和定义适用于本规程。

3.1 拉巴豆

豆科蝶形花亚科菜豆族扁豆属，原产澳大利亚，是热带和亚热带地区一年或越年生蔓生牧草，也是一种优良的绿肥作物，适应性广。广西自20世纪80年代初期已引种栽培。

4 栽培技术

4.1 种子处理

4.1.1 晒种

播种前选择晴天在阳光下晒种4 ～ 6h。

4.1.2 选种

用5% ～ 10%的盐水选种，捞去漂浮在水面的杂物，然后用清水冲洗2 ～ 3遍，选择籽粒饱满，大小、色泽整齐一致的籽粒作为种子。

4.2 播种

4.2.1 播种期

地温稳定在14℃以上即可播种，春播宜在3月下旬至4月上旬，夏播宜在8月下旬。

4.2.2　播种量

穴播或条播，每667m²播种量2 ～ 4kg，间作套种视实际种植密度而定。

4.2.3　播种方法

穴播，播深2 ～ 4cm，每穴2 ～ 4粒，穴距50cm × 40cm；条播，均匀地播成长条，行距50cm，播后覆土2 ～ 3cm。

4.3　施肥

4.3.1　基肥

每667m²施33 ～ 40kg过磷酸钙作基肥。

4.3.2　追肥

如果在生育期发现叶片发黄，生长缓慢，长势太弱，每667m²追施尿素5 ～ 10kg。每次刈割后每667m²追施钙镁磷肥5 ～ 10kg。

4.4　田间管理

4.4.1　补苗

出苗后应及时观察，如有缺苗应及时进行补种。

4.4.2　排灌

田块应挖出排水沟，如遇大雨和连续降水，应及时清沟排渍。如遇干旱，应及时灌溉补水抗旱。

4.5　病虫害防治

4.5.1　病害

苗期易出现根腐病，可用58%露速净可湿性粉剂（主要成分为10%甲霜灵，48%代森锰锌）或30%甲霜恶霉灵可湿性粉剂（主要成分为30%甲霜灵，5%恶霉灵）或铜制剂稀释800倍液喷雾。

4.5.2　虫害

主要虫害有卷叶蛾、叶甲、蚜虫等。卷叶蛾用20%氯虫苯甲酰胺稀释1 500 ～ 2 000倍喷雾，叶甲用90%敌百虫稀释800 ～ 1 000倍喷雾，蚜虫用40%乐果乳油稀释1 500倍喷雾。

5　利用

5.1　收割饲草

拉巴豆生长期长，长至60cm时可进行刈割，留茬高度40cm，一年可刈割3 ～ 4次鲜草用于喂养牛、羊、猪等牲畜。

5.2 绿肥

5.2.1 还田时间

还田时期宜为现蕾期。

5.2.2 翻压量

每667m^{2}还田量宜为1 500 ～ 2 000kg。

5.2.3 翻压方式

先用秸秆还田机将植株打碎，然后用旋耕机翻压，翻压深度为15 ～ 20cm。

6 留种

在积温大于2 100 ℃以上，无霜期大于120d的地区适宜留种。当70%～80%的拉巴豆荚果呈现黄褐色时选择晴天分批次进行采收，将收获后的种子晒1 ～ 2d后，采用脱粒机或人工脱粒，清除杂物，风干贮藏。种子质量符合GB/T 3543的要求。

草木樨栽培技术规程

（DB45/T 1845—2018）

1　范围

本标准规定了草木樨的术语和定义、栽培技术、利用、留种等技术要求。

本标准适用于广西境内草木樨的栽培。

2　规范性引用文件

下列内容对于本文件的应用是必不可少的。凡是注日期的引用文件，仅所注日期的版本适用于本文件。凡是不注日期的引用文件，其最新版本（包括所有的修改单）适用于本文件。

GB/T 3543（所有部分）农作物种子检验规程

3　术语和定义

下列术语和定义适用于本文件。

3.1　草木樨

豆科草木樨属直立型一年生和二年生草本植物。茎直立、羽状三出复叶，叶缘疏齿、总状花序、花冠蝶形黄色、荚果卵形或近球形。耐寒、耐贫瘠、适应性广，既可作牧草，又可作绿肥。

4　栽培

4.1　种子处理

4.1.1　晒种

播种前，选择晴天在阳光下晒种4 ～ 6h。

4.1.2　选种

用清水浸泡种子，滤掉漂浮在水面的杂物，剔除秕粒、破粒种子。用清水冲洗2 ～ 3次，选择籽粒饱满，大小、色泽整齐一致的籽粒作为种子。

4.1.3　种皮处理

用砂纸摩擦种皮3 ～ 4min或用浓硫酸（95 % ～ 97 %）浸泡种子10 ～ 20min以破除种皮。清水冲洗干净晾干。

4.1.4 浸种

播种前1d用水浸种6～8h后捞起，用清水冲洗，置于阴凉处沥干水分。播种前用专用根瘤菌拌种。

4.2 播种

4.2.1 播种期

表土地温稳定在10℃以上即可播种，春播宜在3月下旬至4月上旬，夏播宜在6月上旬，秋播宜在9月中旬至10月上旬。

4.2.2 播种方法

穴播、条播，每667m^{2}播种量为0.5～1.5kg。穴播，每穴3～4粒，穴距20cm×30cm，播后覆土2～4cm；条播，均匀地播成长条，行距30cm，播后覆土2～4cm。

4.3 水肥管理

4.3.1 基肥

每667m^{2}施过磷酸钙10～15kg。

4.3.2 追肥

苗期如长势弱，每667m^{2}追施尿素5～10kg。

4.3.3 排灌

种植地块应挖好排水沟，如遇大雨和连续降雨，应及时清沟排渍。如遇干旱，应及时灌溉。

4.4 病虫害防治

4.4.1 病害

主要病害有霜霉病、白粉病。霜霉病在发病初期用75%百菌清可湿性粉剂500倍液喷雾防治，发病较重用58%甲霜锰锌可湿性粉剂500倍液喷雾防治；白粉病用15%粉锈宁1 000倍液喷雾防治。

4.4.2 虫害

主要虫害有卷叶蛾、甲叶、蚜虫等。卷叶蛾用20%氯虫苯甲酰胺兑水1 500～2 000倍喷雾防治；叶甲用90%敌百虫兑水800～1 000倍喷雾防治；蚜虫用40%乐果乳油兑水1 500倍喷雾防治。

5 利用

5.1 饲用

可刈割鲜草用于喂养牛、羊、猪等牲畜。

5.2　绿肥

作为绿肥利用，宜在草木樨现蕾期翻压还田。

6　留种

作为留种植株，当70%～80%的草木樨荚果呈现黑褐色时选择晴天进行采收，将收获后的种子晒1～2d后，采用脱粒机或人工脱粒，清除杂物，风干贮藏。种子质量应符合GB/T 3543（所有部分）的要求。

柽麻栽培技术规程

（DB45/T 1844—2018）

1 范围

本标准规定了柽麻栽培技术的术语和定义、栽培、利用、留种等技术要求。

本标准适用于广西境内柽麻的栽培。

2 规范性引用文件

下列内容对于本文件的应用是必不可少的。凡是注日期的引用文件，仅所注日期的版本适用于本文件。凡是不注日期的引用文件，其最新版本（包括所有的修改单）适用于本文件。

GB/T 3543（所有部分）农作物种子检验规程

3 术语和定义

下列术语和定义适用于本文件。

3.1 柽麻

豆科猪屎豆属一年生直立草本植物，耐旱，耐贫瘠、适应性广，为我国南方夏季旱地绿肥作物。

4 栽培

4.1 整地

播种前整好地，使土壤疏松平整，排灌通畅。

4.2 种子处理

4.2.1 晒种

播种前，选择晴天在阳光下晒种4 ～ 6h。

4.2.2 选种

用5%～ 10%的盐水选种，捞去漂浮在水面的杂物，用清水冲洗2 ～ 3遍。选择籽粒饱满，大小、色泽整齐一致的籽粒作为种子。

4.2.3 种皮处理

播种前用砂纸摩擦种皮3 ～ 4min或用75℃热水浸种5min以破除种皮。

4.3　播种

4.3.1　播种期

表土地温稳定在14℃以上即可播种，春播宜在3月下旬至4月上旬，夏播宜在8月下旬。

4.3.2　播种方法

穴播或条播，每667m^{2}播种量2.0 ～ 2.5kg。穴播，每穴2 ～ 3粒，穴距50cm × 50cm，播后覆土2 ～ 4cm；条播，均匀地播成长条，行距50cm，播后覆土2 ～ 4cm。

4.4　水肥管理

4.4.1　基肥

每667m^{2}施过磷酸钙10 ～ 15kg。

4.4.2　追肥

在苗期如长势弱，每667m^{2}追施尿素5 ～ 10kg。

4.4.3　排灌

种植地块应挖好排水沟，如遇大雨和连续降雨，应及时清沟排渍。如遇干旱，应及时灌溉。

4.5　病虫害防治

4.5.1　病害

主要病害为枯萎病，苗期可用70%的甲基硫菌灵稀释1 000倍液喷雾防治。

4.5.2　虫害

结荚期主要虫害有豆荚螟，可用40%氰戊菊酯稀释6 000倍液或5%马拉硫磷稀释1 000倍液喷雾防治。

5　利用

作为绿肥利用，宜在柽麻茎叶肥嫩、尚未形成大量木质化之前翻压还田。

6　留种

作为留种植株，应栽培至有70%～ 80%的柽麻种荚呈现褐色时，选择晴天分批次进行采收。将收获后的种子晒1 ～ 2d后，采用脱粒机或人工脱粒，清除杂物，风干贮藏。种子质量应符合GB/T 3543（所有部分）的要求。

REFERENCES 参考文献

曹铨，沈禹颖，王自奎，等，2016. 生草对果园土壤理化性状的影响研究进展[J]. 草业学报，25(8): 180-188.

曹卫东，包兴国，徐昌旭，等，2017. 中国绿肥科研60年回顾与未来展望[J]. 植物营养与肥料学报，23(6): 1450-1461.

曹卫东，黄鸿翔，2009. 关于我国恢复和发展绿肥若干问题的思考[J]. 中国土壤与肥料 (4): 1-3.

陈洪俊，黄国勤，杨滨娟，等，2014. 冬种绿肥对早稻产量及稻田杂草群落的影响[J]. 中国农业科学，47(10): 1976-1984.

陈林，宋乃平，王磊，等，2017. 基于文献计量分析的蒿属植物研究进展[J]. 草业学报，26(12): 223-235.

陈悦，刘则渊，2005. 悄然兴起的科学知识图谱[J]. 科学学研究，23(2):149-154.

陈正刚，崔宏浩，张钦，等，2015. 光叶苕子与化肥减量配施对土壤肥力及玉米产量的影响[J]. 江西农业大学学报，37(3): 411-416, 496.

陈正刚，李剑，王文华，等，2014. 翻压绿肥条件下化肥减量对玉米养分利用效益的影响[J]. 云南农业大学学报（自然科学），29(5): 734-739.

仇童伟，2017. 农地产权、要素配置与家庭农业收入[J]. 华南农业大学学报(社会科学版)，16(4): 11-24.

崔芳芳，2014. 稻草、紫云英用量及配比对潮土镉、砷有效性的影响及其在水稻上的应用[D]. 武汉:华中农业大学:13-27.

邓小华，罗伟，周米良，等，2015. 绿肥在湘西烟田中的腐解和养分释放动态[J]. 烟草科技，48(6): 13-18.

邓小华，石楠，周米良，等，2015. 不同种类绿肥翻压对植烟土壤理化性状的影响[J]. 烟草科技，48(2): 7-10, 20.

杜青峰，王党军，于翔宇，等，2016. 玉米间作夏季绿肥对当季植物养分吸收和土壤养分有效性的影响[J]. 草业学报，25(3): 225-233.

杜爽爽，2013. 稻草、紫云英用量及配比对酸性土壤砷、镉有效性的影响及其在水稻上的应用[D].武汉:华中农业大学:16-29.

杜威，王紫泉，和文祥，等，2017. 豆科绿肥对渭北旱塬土壤养分及生态化学计量学特征影响[J]. 土壤学报，54(4): 999-1008.

高会，谭莉梅，刘鹏，2017. 基于二分类Logistic回归模型的太行山丘陵区县域耕地资源潜力估算[J]. 中国生态农业学报，25(4): 490-497.

高菊生，徐明岗，曹卫东，等，2010. 长期稻—稻—紫云英轮作28年对水稻产量及田间杂草多样性影响[J]. 中国农学通报，26(17): 155-159.

高菊生，徐明岗，董春华，等，2013. 长期稻—稻—绿肥轮作对水稻产量及土壤肥力的影响[J]. 作物学报，39(2): 343-349.

高玲，刘国道，2007. 绿肥对土壤的改良作用研究进展[J]. 北京农业，12: 29-33.

高云峰，徐友宁，祝雅轩，等，2018. 矿山生态环境修复研究热点与前沿分析——基于VOSviewer和CiteSpace的大数据可视化研究[J]. 地质通报，37(12):2144-2153.

何春梅，2014. 福建紫云英种植利用模式研究[M]//林新坚，王飞，何春梅. 紫云英理论与实践. 北京: 中国农业科学技术出版社:11-16.

何可，张俊飚，田云，2013. 农业废弃物资源化生态补偿支付意愿的影响因素及其差异性分析——基于湖北省农民调查的实证研究[J]. 资源科学(3): 627-637.

胡宏祥，程燕，马友华，2012. 油菜秸秆还田腐解变化特征及其培肥土壤的作用[J]. 中国生态农业学报，20(3): 297-302.

黄秋玉，王才仁，袁箬斐，等，2015. 早稻秸秆还田配施腐熟剂对土壤理化性状及晚稻生产的影响[J]. 湖南农业科学(1): 45-47.

江智敏，田峰，邓小华，等，2015. 多年定位翻压绿肥对烤烟大田生长及经济性状的影响[J]. 中国烟草科学，36(3): 35-39.

蒋琳莉，张俊飚，颜廷武，2016. 基于Probit模型的农户农业生产性废弃物弃置行为研究——以湖北省为例[J]. 农业现代化研究，37(5): 917-925.

焦彬，1984. 论我国绿肥的历史演变及其应用[J]. 中国农史(1): 54-57.

敬海霞，曹安全，张登荣，等，2013. 翻压绿肥对烤烟大田生长及烤后烟产值效益的影响[J]. 中国农学通报，29(1): 155-159.

赖涛，李茶苟，黄庆海，等，2002. 红壤性水稻土紫云英有机氮形成的研究[J]. 江西农业学报，14(2): 14-18.

兰延，黄国勤，杨滨娟，等，2014. 稻田绿肥轮作提高土壤养分增加有机碳库[J]. 农业工程学报, 30(13): 146-152.

李逢雨, 孙锡发, 冯文强, 等, 2009. 麦秆、油菜秆还田腐解速率及养分释放规律研究[J]. 植物营养与肥料学报, 15(2): 374-380.

李会科, 梅立新, 高华, 2009. 黄土高原旱地苹果园生草对果园小气候的影响[J]. 草地学报, 17(5): 615-620.

李会科, 张广军, 赵政阳, 等, 2008. 渭北黄土高原旱地果园生草对土壤物理性质的影响[J]. 中国农业科学, 41(7): 2070-2076.

李强, 2017. 基于文献计量学分析2016年度岩溶学研究热点[J]. 地球科学进展, 32(5): 535-545.

李少泉, 甘海燕, 莫如平, 2012. 发展广西冬种绿肥生产的对策思考[J]. 广西农学报, 27(6): 1-5.

李双来, 李登荣, 胡诚, 等, 2012. 减施化肥条件下翻压不同量紫云英对双季稻生长和产量的影响[J]. 中国土壤与肥料(1): 69-73.

李爽, 翟琰琦, 2018. 1999—2016年期刊《绿色化学》载文的计量分析[J]. 化学通报, 81(7):660-666.

李太魁, 张香凝, 寇长林, 等, 2018. 丹江口库区坡耕地柑橘园套种绿肥对氮磷径流流失的影响[J]. 水土保持研究, 25(2): 94-98.

李文广, 杨晓晓, 黄春国, 等, 2019. 饲料油菜作绿肥对后茬麦田土壤肥力及细菌群落的影响[J]. 中国农业科学, 52(15): 2664-2677.

李正, 刘国顺, 敬海霞, 等, 2011a. 翻压绿肥对植烟土壤微生物量及酶活性的影响[J]. 草业学报, 20(3): 225-232.

李正, 刘国顺, 敬海霞, 等, 2011b. 绿肥与化肥配施对植烟土壤微生物量及供氮能力的影响[J]. 草业学报, 20(6): 126-134.

李忠义, 唐红琴, 何铁光, 等, 2017. 不同还田方式下拉巴豆秸秆腐解及养分释放特征[J]. 中国土壤与肥料（2）:130-135

林多胡, 顾荣申, 2000. 中国紫云英[M]. 福州: 福建科学技术出版社: 6-11.

林新坚, 林斯, 邱珊莲, 等, 2013. 不同培肥模式对茶园土壤微生物活性和群落结构的影响[J]. 植物营养与肥料学报, 19(1): 93-101.

林毅夫, 1994. 中国农业在要素市场交换受到禁止下的技术选择，制度、技术与中国农业发展[M]. 上海: 上海人民出版社.

刘春增, 刘小粉, 李本银, 等, 2012. 紫云英还田对水稻产量、土壤团聚性及其有机碳和全氮分布的影响[J]. 华北农学报, 27(6): 224-228.

刘国顺, 李正, 敬海霞, 等, 2010. 连年翻压绿肥对植烟土壤微生物量及酶活性的影响[J]. 植物营养与肥料学报,16(6): 1472-1478.

刘国顺,罗贞宝,王岩,等,2006. 绿肥翻压对烟田土壤理化性状及土壤微生物量的影响[J]. 水土保持学报(1): 95-98.

刘佳,陈信友,张杰,等,2013. 绿肥作物二月兰腐解及养分释放特征研究[J]. 中国草地学报,35(6): 58-63.

刘晓冰,宋春雨,Stephen J. Herbert, 等,2002. 覆盖作物的生态效应[J]. 应用生态学报,13(3): 365-368.

刘义平,2011. 新垦幼龄茶园套种经济绿肥的生态效应研究与应用[J]. 江西农业学报,8:17-18.

柳玲玲,周瑞荣,王文华,2014. 不同秸秆腐熟剂对油菜秸秆腐熟度的影响[J]. 贵州农业科学,42(8): 113-115.

卢秉林,包兴国,张久东,等,2014. 河西绿洲灌区玉米与绿肥间作模式对作物产量和经济效益的影响[J]. 中国土壤与肥料(2): 67-71.

卢秉林,包兴国,张久东,等,2015. 间作绿肥饲草与减施氮肥对河西绿洲灌区玉米产量和土壤肥力的影响[J]. 干旱地区农业研究,33(2): 170-175.

陆欣,2002. 土壤肥料学[M]. 北京: 中国农业大学出版社,46-47.

罗玲,余君山,秦铁伟,等,2001. 绿肥不同翻压年限对植烟土壤理化性状及烤烟品质的影响[J]. 安徽农业科学,38(24): 13217-13219.

吕开宇,俞冰心,邢鹂,2013. 新阶段的粮农生产决策行为分析——粮价上涨对非贫困和贫困种植户的影响[J]. 中国农村经济(9): 31-43.

吕鹏超,梁斌,隋方功,2014. 不同绿肥秸秆养分释放规律的研究[J]. 作物杂志,2015, 4: 130-134.

马良灿,2014. 理性小农抑或生存小农——实体小农学派对形式小农学派的批判与反思[J]. 社会科学战线(4): 165-172.

马艳芹,黄国勤,时炜,等,2014. 广西灵川县种植业的可持续发展[J]. 生态学报,34(18): 5164-5172.

马艳芹,黄国勤,时炜,等,2013. 桂北耕作制度调查报告——以广西桂林市灵川县为例[J]. 南方农业学报,44(11): 1937-1942.

潘福霞,鲁剑巍,刘威,等,2011. 三种不同绿肥的腐解和养分释放特征研究[J]. 植物营养与肥料学报,17(1): 216-223.

潘国庆，1999. 酵素菌技术的原理特点及应用效果[J].江苏农业科学（6）：52-53.

潘学军,张文娥,樊卫国,等,2010. 自然生草和间种绿肥对盆栽柑橘土壤养分、酶活性和微生物的影响[J]. 园艺学报,37(8): 1235-1240.

潘学军,张文娥,罗国华,等,2011. 不同土壤管理方式下幼龄柑橘根区土壤酶活性动态变化

[J]. 土壤通报, 42(5): 1116-1119.

彭晚霞，宋同清，肖润林，等, 2005. 覆盖与间作对亚热带丘陵茶园土壤水分供应的调控效果[J]. 水土保持学报, 19(6): 97-101, 125.

邵丽, 2013. 不同作物残体在不同土壤中的腐解和养分释放速率研究[D]. 长沙：湖南农业大学:10-11.

宋莉, 韩上, 席莹莹, 等, 2014. 间作对油菜和紫云英生长及产量的影响[J]. 中国油料作物学报, 36(2): 231-237.

宋莉, 廖万有, 王烨军, 等, 2017. 旱地作物间作绿肥研究进展[J]. 作物杂志 (6): 7-11.

宋同清, 王克林, 彭晚霞, 等, 2006a. 亚热带丘陵茶园间作白三叶草的生态效应[J]. 生态学报 (11): 3647-3655.

宋同清, 肖润林, 彭晚霞, 等, 2007. 白三叶草间作对亚热带丘陵茶园地温及生产的影响[J]. 中国农业气象 (1): 45-48, 53.

宋同清, 肖润林, 彭晚霞, 等, 2006b. 亚热带丘陵茶园间作白三叶草的保墒抗旱效果及其相关生态效应[J]. 干旱地区农业研究 (6): 39-43.

苏利荣, 何铁光, 苏天明, 等, 2017. 不同时期绿豆与甘蔗套种及秸秆还田模式研究[J]. 西南农业学报, 30(11): 2461-2467.

苏利荣, 何铁光, 苏天明, 等, 2019. 甘蔗–绿豆间作压青还田和施氮水平对甘蔗性状的影响[J]. 华南农业大学学报, 40(3): 20-28.

唐海明, 肖小平, 孙继民, 等, 2014. 种植不同冬季作物对稻田甲烷、氧化亚氮排放和土壤微生物的影响[J]. 生态环境学报, 23(5): 736-742.

田峰, 陆中山, 邓小华, 等, 2015. 湘西烟区翻压不同绿肥品种的生态和烤烟效应[J]. 中国烟草学报, 21(4): 56-62.

万水霞, 唐杉, 王允青, 等, 2013. 紫云英还田量对稻田土壤微生物数量及活度的影响[J]. 中国土壤与肥料, 4: 39-42.

万水霞, 朱宏斌, 唐杉, 等, 2015. 紫云英与化肥配施对安徽沿江双季稻区土壤生物学特性的影响[J]. 植物营养与肥料学报, 21(2): 387-395.

汪晓丽, 司江英, 陈冬梅, 2005. 低pH条件下不同氮源对水稻根通气组织形成的影响[J]. 扬州大学学报(农业与生命科学版), 26(2): 66-70.

王代平, 陈燕, 黄厚宽, 2013. 不同作物秸秆添加腐熟剂进行还田对水稻产量及土壤理化性质的影响[J]. 安徽农学通报, 19(5): 64-65.

王飞, 林诚, 李清华, 等, 2012. 亚热带单季稻区紫云英不同翻压量下有机碳和养分释放特征[J]. 草业学报, 21(4): 319-324.

王丽宏, 胡跃高, 杨光立, 等, 2006. 南方冬季覆盖作物的碳蓄积及其对水稻产量的影响[J]. 生态环境, 15(3): 616-619.

王善高, 田旭, 2018. 农村劳动力老龄化对农业生产的影响研究——基于耕地地形的实证分析[J]. 农业技术经济 (4): 15-26.

王晓楠, 2019. 我国环境行为研究20年: 历程与展望[J]. 干旱区资源与环境, 33(2): 22-31.

王鑫雨, 张青松, 陈文勇, 2017. 基于citespace的农业机械化研究的可视化分析[J]. 中国农机化学报, 38(2): 145-149, 158.

王岩, 刘国顺, 2006. 绿肥中养分释放规律及对烟叶品质的影响[J]. 土壤学报, 43(2): 273-279.

王允青, 郭熙盛, 2008. 不同还田方式作物秸秆腐解特征研究[J]. 中国生态农业学报, 16(3): 607-610.

温明霞, 石孝均, 聂振朋, 等, 2011. 椪柑果园种植夏季绿肥的效应[J]. 果树学报, 28(6): 1077-1081.

吴建富, 张美良, 刘经荣, 等, 1997. 稻田紫云英肥饲兼用的技术与效益[J]. 江西农业大学学报, 19(2): 53-56.

吴健, 王敏, 靳志辉, 等, 2016. 土壤环境中多环芳烃研究的回顾与展望——基于Web of Science 大数据的文献计量分析[J]. 土壤学报, 53(5): 1085-1096.

吴乐, 孔德帅, 靳乐山, 2018. 生态补偿对不同收入农户扶贫效果研究[J]. 农业技术经济 (5): 134-144.

吴珊眉, House. G. J., 韩纯儒, 1986. 免耕和常规耕作农田生态系统冬季覆盖作物残茬分解和养分变化[J]. 土壤学报, 23(3): 204-211.

吴同亮, 王玉军, 陈怀满, 等, 2017. 基于文献计量学分析2016 年环境土壤学研究热点[J]. 农业环境科学学报, 36(2): 205-215.

吴迎奔, 许丽娟, 陈薇, 等, 2013. 稻草还田添加有机物料腐熟剂对土壤和水稻的影响[J]. 湖南农业科学, 19: 51-55.

伍山林, 2016. 农业劳动力流动对中国经济增长的贡献[J]. 经济研究, 51(2): 97-110.

武际, 郭熙盛, 鲁剑巍, 等, 2013. 不同水稻栽培模式下小麦秸秆腐解特征及对土壤生物学特性和养分状况的影响[J]. 生态学报, 33(2) :565-575.

武际, 郭熙盛, 王允青, 等, 2011. 不同水稻栽培模式和秸秆还田方式下的油菜、小麦秸秆腐解特征[J]. 中国农业科学, 44(16): 3351-3360.

西奥多 · W · 舒尔茨, 1987. 改造传统农业[M]. 梁小民译. 北京: 商务印书馆.

肖唐镖, 2006. 什么人在当村干部?——对村干部社会政治资本的初步分析[J]. 管理世界 (9): 64-70.

肖小勇, 李秋萍, 2014. 中国农业技术空间溢出效应: 1986-2010[J]. 科学学研究, 32(6): 873-881, 889.

谢金兰，王维赞，刘晓燕，等，2013. 甘蔗间套种早熟绿豆品种比较试验[J]. 南方农业学报，44(10): 1642-1645.

谢志坚，贺亚琴，徐昌旭，2018. 紫云英－早稻－晚稻农田系统的生态功能服务价值评价[J]. 自然资源学报，33(5): 735-746.

徐宁，黄国勤，2014. 稻田复种轮作系统能流物流特征研究[J]. 中国生态农业学报，22(12): 1491-1497.

徐志刚，宁可，朱哲毅，2017. 市场化改革、要素流动与我国农村内部收入差距变化[J]. 中国软科学 (9): 38-49.

郇恒福，黄睿，高玲，等，2019. 野生山蚂蟥绿肥对酸性土壤有机质含量的动态影响[J]. 草地学报，27(2): 515-518.

颜廷武，张童朝，何可，2017. 作物秸秆还田利用的农民决策行为研究——基于皖鲁等七省的调查[J]. 农业经济问题，38(4): 39-48, 110-111.

颜志雷，方宇，陈济琛，等，2014. 连年翻压紫云英对稻田土壤养分和微生物学特性的影响[J]. 植物营养与肥料学报，20(5): 1151-1160.

杨滨娟，黄国勤，陈洪俊，等，2016. 稻田复种轮作模式的生态经济效益综合评价[J]. 中国生态农业学报，24(1): 112-120.

杨璐，曹卫东，白金顺，等，2013. 种植翻压二月兰配施化肥对春玉米养分吸收利用的影响[J]. 植物营养与肥料学报，19(4): 799-807.

杨梅，王亚亚，陆姣云，等，2017. 典型果园生草模式及果草系统资源调控研究进展[J]. 草业学报，26(9): 189-199.

俞巧钢，叶静，马军伟，等，2012. 山地果园套种绿肥对氮磷径流流失的影响[J]. 水土保持学报，26(2): 6-10, 20.

詹杰，李振武，邓素芳，等，2019. 套种圆叶决明改善茶园生态环境促进茶树生长[J]. 热带作物学报，40(6): 1055-1061.

张达斌，李婧，姚鹏伟，等，2012. 夏闲期连续两年种植并翻压豆科绿肥对旱地冬小麦生长和养分吸收的影响[J]. 西北农业学报，21(1): 59-65.

张华明，王昭艳，喻荣岗，等，2010. 赣北丘陵区果园不同套种模式对退化红壤理化性质的影响[J]. 水土保持研究，17(4): 258-261.

张久东，包兴国，曹卫东，等，2015. 河西灌区小麦与豆科作物间作和复种模式研究[J]. 核农学报，29(4): 786-791.

张久东，包兴国，曹卫东，等，2013. 间作绿肥作物对玉米产量和土壤肥力的影响[J]. 中国土壤与肥料 (4): 43-47.

张久东，包兴国，王婷，等，2011. 增施绿肥与降低氮肥对小麦产量和土壤肥力的影响[J]. 核农学报, 25(5): 998-1003.

张珺穜, 曹卫东, 徐昌旭, 等, 2012. 种植利用紫云英对稻田土壤微生物及酶活性的影响[J]. 中国土壤与肥料, 1: 19-25.

张黎明, 邓小华, 周米良, 等, 2016. 不同种类绿肥翻压还田对植烟土壤微生物量及酶活性的影响[J]. 中国烟草科学, 37(4): 13-18.

张钦, 于恩江, 林海波, 等, 2019a. 连续种植不同绿肥的土壤团聚体碳分布及其固持特征[J]. 中国土壤与肥料 (1): 71-78.

张钦, 于恩江, 林海波, 等, 2018. 连续种植不同绿肥作物的土壤团聚体空间分布及稳定性特征[J]. 热带作物学报, 39(9): 1708-1717.

张钦, 于恩江, 林海波, 等, 2019b. 连续种植不同绿肥作物耕层的土壤团聚体特征[J]. 西南农业学报, 32(1): 148-153.

张颖, 陈桂芬, 2016. 基于Citespace的土壤肥力知识图谱可视化挖掘与分析[J]. 中国农机化学报, 37(3): 209-213, 229.

章永松, 林咸永, 罗安程, 2000. 水稻根系泌氧对水稻土磷素化学行为的影响[J]. 中国水稻科学, 14(4): 208-212.

赵丙军, 王旻霞, 司虎克, 2012. 基于Cietspace的国内知识图谱研究[J]. 图书情报工作网刊 (8): 23-31.

赵冬, 颜廷梅, 乔俊, 等, 2015. 太湖地区绿肥还田模式下氮肥的深度减量效应[J]. 应用生态学报, 26(6): 1673-1678.

赵明文, 2000. 纤维分解菌群对水稻秸秆田间腐熟效果的研究[J]. 江苏农业科学, 1: 51-53.

赵娜, 赵护兵, 鱼昌为, 等, 2011. 旱地豆科绿肥腐解及养分释放动态研究[J]. 植物营养与肥料学报, 17(5): 1179-1187.

赵娜, 赵护兵, 鱼昌为, 等, 2010. 夏闲期种植翻压绿肥和施氮量对冬小麦生长的影响[J]. 西北农业学报, 19(12): 41-47.

赵其国, 黄国勤, 马艳芹, 2013. 中国南方红壤生态系统面临的问题及对策[J]. 生态学报, 33(24): 7615-7622.

郑旭媛, 王芳, 应瑞瑶, 2018. 农户禀赋约束、技术属性与农业技术选择偏向——基于不完全要素市场条件下的农户技术采用分析框架[J]. 中国农村经济, (3): 105-122.

周宏春, 2018. 乡村振兴背景下的农业农村绿色发展[J]. 环境保护, 46(7): 16-20.

周健, 袁国保, 耿月明, 等, 2012. 对我国紫云英发展的思考[J]. 中国种业 (12): 19-22.

朱贵平, 张惠琴, 吴增琪, 等, 2012. 紫云英和油菜不同时期翻压对土壤培肥效果的影响[J]. 南方农业学报, 43(2): 205-208.

朱满德, 程国强, 2011. 中国农业政策: 支持水平、补贴效应与结构特征[J]. 管理世界 (7): 52-60.

朱娜，王富华，王琳，等，2014. 绿肥对土壤的改良作用研究进展[J]. 农村经济与科技，25(7): 13-14, 63.

邹雨坤，李光义，候宪文，等，2014a. 不同还田方式下木薯茎秆腐解及养分释放特征研究[J]. 中国土壤与肥料，6: 86-91.

邹雨坤，李光义，李勤奋，等，2014b. 不同还田方式下香蕉茎秆的腐解及养分释放特征[J]. 天津农业科学，20(10): 60-64.

邹长明，刘英，杨杰，等，2013. 豆科绿肥品种养分富集能力比较研究[J]. 作物杂志 (3): 75-78.

Chen C, Ibekwe-SanJuan F, Hou J, 2010. The structure and dynamics of cocitation clusters: A multiple-perspective cocitation analysis [J]. Journal of the American Society for information Science and Technology, 61(7): 1386-1409.

Chen C, 2006. CiteSpace II: Detecting and visualizing emerging trends and transient patterns in scientific literature [J]. Journal of the American Society for Information Science and Technology, 57(3): 359-377.

He T G, Su L R, Li Y R, et al., 2018. Nutrient decomposition rate and sugarcane yield as influenced by mung bean intercropping and crop residue recycling[J]. Sugar Tech, 20(2): 154-162.

Hosmer D W, Lemeshow S, 2000. Applied Logistic Regression[M]. 2nd ed. New York: John Wiley and Sons.

Natanael Santiago PereiraI, Ismail Soares, 2016. Fábio Rodrigues de Miranda. Dccomposition and nutrient release of leguminous green manure species in the Jaguaribe-Apodi region, Ceará, Brazil [J]. Ciência Rural, 46(6): 970-975.

Schultz T W, 1975. The value of ability to deal with disequilibria[J]. Journal of Economic Literature, 13(3) : 827-846.

Thomesn I K, Schjnning P, Jensen B ,et al., 1999. Turnover of organic matter in differently textured soils: Ⅱ .Microbial activity as influenced by soil water regimes [J]. Geoderma, 89(3/4):199-218.

Tian G, Badejo M, Okoh A, et al., 2007. Effects of residue quality and climate on plant residue decomposition nutrient release along the transect from humid forest to Sahel of West Africa [J]. Biogeochemistry, 86(2):217-229.

Xie X J, Tu S X, Farooq Shah, et al., 2016. Substitution of fertilizer-N by green manure improves the sustainability of yield in double-rice cropping system in south China [J]. Field Crop Research, 188: 142–149.